新编21世纪高等职业教育精品教材

智慧财经系列

数据分析基础

Python实现

贾俊平 著

U0386232

Fundamentals of Data Analysis
with Python

中国人民大学出版社

·北京·

图书在版编目（CIP）数据

数据分析基础：Python 实现 / 贾俊平著 . -- 北京：
中国人民大学出版社，2022.5
新编 21 世纪高等职业教育精品教材. 智慧财经系列
ISBN 978-7-300-30525-7

Ⅰ.①数… Ⅱ.①贾… Ⅲ.①软件工具－程序设计－
高等职业教育－教材 Ⅳ.① TP311.561

中国版本图书馆 CIP 数据核字（2022）第 054399 号

新编 21 世纪高等职业教育精品教材·智慧财经系列
数据分析基础——Python 实现
贾俊平　著
Shuju Fenxi Jichu——Python Shixian

出版发行	中国人民大学出版社		
社　　址	北京中关村大街 31 号	**邮政编码**	100080
电　　话	010 - 62511242（总编室）		010 - 62511770（质管部）
	010 - 82501766（邮购部）		010 - 62514148（门市部）
	010 - 62515195（发行公司）		010 - 62515275（盗版举报）
网　　址	http://www.crup.com.cn		
经　　销	新华书店		
印　　刷	天津中印联印务有限公司		
规　　格	185 mm×260 mm　16 开本	**版　　次**	2022 年 5 月第 1 版
印　　张	13.75	**印　　次**	2022 年 5 月第 1 次印刷
字　　数	290 000	**定　　价**	38.00 元

本书概要

《数据分析基础——Python 实现》是为高等职业教育财经商贸大类专业编写的基础课教材。全书内容共 7 章，第 1 章介绍数据分析的基本问题以及 Python 的初步使用方法。第 2 章介绍 Python 数据处理的有关内容，包括 Python 的基本数据结构和操作方法、数据抽样和筛选方法、数据频数分布表的生成方法等。第 3 章介绍数据可视化分析方法，包括 Python 绘图基础、类别数据可视化、数值数据可视化、时间序列可视化等。第 4 章介绍数据的描述性分析方法，包括数据水平的描述、数据差异的描述、分布形状的描述等。第 5 章介绍推断分析基本方法，包括推断的理论基础、参数估计和假设检验等。第 6 章介绍相关与回归分析方法，包括相关分析和一元线性回归建模方法等。第 7 章介绍时间序列分析方法，包括增长率分析、平滑预测和趋势预测等。

本书特色

- **符合职业教育目标，注重分析方法应用。**本书多数例题均来自实际数据，侧重于介绍分析方法思想和应用，完全避免数学推导，繁杂的计算则交给 Python 来完成，从而有利于读者将数据分析方法用于实际问题的分析。
- **强调实际操作，注重软件应用。**本书例题全部使用 Python 实现计算与分析，并通过代码框的形式给出了详细操作步骤，保持代码块的相对独立性，方便读者使用。
- **配备课程资源，方便教学和学习。**本书配有丰富的教学和学习资源，包括教学大纲、教学和学习用 PPT、例题和习题数据、各章习题详细解答等，方便教师教学和学生学习。

Python 操作环境

本书代码编写和运行使用的是 Anaconda 平台的 Jupyter Notebook 界面，代码文件已存为 Jupyter Notebook 的专属格式，读者需在 Jupyter Notebook 中运行或修改。

读者对象

本书适用读者包括：高等职业教育各专业学生，中等职业教育或继续教育的学生，实际工作领域的数据分析人员，对数据分析知识感兴趣的其他读者。

贾俊平

课程思政建设的总体目标

数据分析既是方法课，也是应用课，因而课程思政建设的侧重点应放在应用层面。将数据分析方法的应用与中国实际问题相联系，紧密结合中国社会建设的成就学习数据分析方法的应用是思政建设的核心主题。具体应从以下几个方面入手：

● **树立正确的价值观，将数据分析方法的应用与中国特色社会主义建设的理论和实践相结合**。学习数据分析方法时应注意树立正确的价值观，科学合理地使用数据分析方法解决实际问题。

● **树立正确的数据分析理念，将数据分析方法与实事求是的理念相结合**。数据分析的内容涵盖数据收集、处理、分析并得出结论。要树立正确的数据分析理念，就应始终本着实事求是的态度。在数据收集的过程中，要实事求是地收集数据，避免弄虚作假；在数据分析时，应科学合理地使用数据分析方法，避免主观臆断；在对数据分析结果进行解释和结论陈述时，应保持客观公正、表里如一，避免为个人目的而违背科学和实事求是的理念。

● **牢记数据分析服务于社会的使命，将数据分析的应用与为人民服务的宗旨相结合**。学习数据分析的主要目的是应用数据分析方法解决实际问题。在学习过程中，应牢记数据分析服务于社会、服务于生活、服务于管理、服务于科学研究的使命，侧重于将数据分析方法应用于分析和研究有中国特色的社会主义建设成就，应用于反映人民生活水平变化，应用于反映社会主义制度的优越性上。

目录
CONTENTS

第 3 章　数据可视化分析 ——————— 52

第 6 章　相关与回归分析　　　　　　154

第 7 章　时间序列分析　　　　　　　175

第 **1** 章

数据分析与 Python 语言

学习目标

▶ 理解变量和数据的概念，掌握数据分类方式。
▶ 了解数据来源和概率抽样方法。
▶ 掌握 Python 语言的初步使用方法。

课程思政目标

▶ 数据分析是一门应用性学科，认识到数据分析方法在反映我国社会主义建设
  成就中的作用。
▶ 结合实际问题学习数据分析中的基本概念。结合数据来源和渠道，了解获取数
  据过程中可能存在的虚假行为，强调数据来源渠道的正当性，以避免虚假数据。
▶ 避免收集危害社会安全的非正当来源的数据。

在日常工作和生活中，人们经常会接触到各类数据，比如，PM2.5 的数据、国内生
产总值（GDP）数据、居民消费价格指数（CPI）数据、股票交易数据、电商的经营数据
等。这些数据如果不去分析，那它就仅仅是数据，提供的信息十分有限，只有经过分析
的数据才会体现更大的价值。本章首先介绍数据分析的有关概念，然后介绍数据及其分
类以及数据来源问题。

1.1 数据分析概述

数据分析（data analysis）是从数据中提取信息并得出结论的过程，它所使用的方法
既包括经典的统计学方法，也包括现代的机器学习技术。数据分析涉及三个基本问题：
一是所面对的是什么样的数据；二是用什么方法分析这些数据；三是用何种工具（软件）
来分析。第一个问题将在 1.2 节中介绍，本节先介绍后两个问题。

1.1.1 数据分析方法

计算机和互联网的普及以及统计方法与计算机科学的有机结合，极大地促进了数据分析方法的发展，并有效地拓宽了其应用领域。可以说，数据分析已广泛应用于生产和生活的各个领域。

数据分析的目的是把隐藏在数据中的信息有效地提炼出来，从而找出所研究对象的内在特征和规律。在实际应用中，数据分析可帮助人们做出判断和决策，以便采取适当行动。比如，对股票交易数据的分析，可以帮助股民做出买进或卖出某只股票的决策；对客户消费行为数据的分析，可以帮助电商精准确定客户群，并提供有效的产品和服务；对患者医疗数据的分析，可以帮助医生做出正确的诊断；等等。

数据分析有不同的视角和目标，因此可以从不同角度进行分类。

从分析目的看，可以将数据分析分为**描述性分析**（descriptive analysis）、**探索性分析**（exploratory analysis）和**验证性分析**（confirmatory analysis）三大类。其中，描述性分析是对数据进行初步整理、展示和概括性度量，以找出数据的基本特征；探索性分析侧重于在数据之中发现新的特征，为形成某种理论或假设而对数据进行的分析；验证性分析则侧重于对已有理论或假设的证实或证伪。当然，这三个层面的分析并不是截然分开的，多数情况下，数据分析是对数据进行描述、探索和验证的综合研究。

从所使用的统计分析方法看，可大致分为**描述统计**（descriptive statistics）和**推断统计**（inferential statistics）两大类。描述统计主要是利用图表对数据进行汇总和展示，同时计算一些简单的统计量（诸如比例、比率、平均数、标准差等）并进行分析，进而发现数据的基本特征。推断统计主要是根据样本信息来推断总体的特征，其基本方法包括参数估计和假设检验。参数估计是利用样本信息推断所关心的总体参数，假设检验则是利用样本信息判断对总体的某个假设是否成立。比如，从一批电池中随机抽取少数几块电池作为样本，测出它们的使用寿命，然后根据样本电池的平均使用寿命估计这批电池的平均使用寿命，或者检验这批电池的使用寿命是否等于某个假定值，这就是推断分析要解决的问题。

实际上，数据分析所使用的方法均可以称为统计学方法。因为**统计学**（statistics）本身就是一门关于数据分析的科学，它研究的是来自各领域的数据，提供的是一套通用于所有学科领域的获取数据、分析数据并从数据中得出结论的原则和方法。统计学方法是通用于所有学科领域的，而不是为某个特定的问题领域构造的。当然，统计方法不是一成不变的，使用者在特定情况下需要根据所掌握的专业知识选择性地使用这些方法，有时还要进行必要的修正。

如图 1 - 1 所示为数据分析方法的大致分类。

1.1.2 数据分析工具

实际分析中所面对的数据量通常非常大，有些统计方法的计算过程也十分复杂，不用计算机处理和分析数据是很难实现应用的。在计算机时代到来前，计算问题使数据分析方

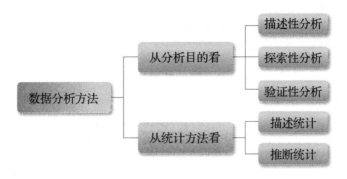

图 1-1　数据分析方法

法的应用受到极大限制。在计算机普及的今天,各种数据分析软件的出现使数据分析变得十分容易,只要理解统计方法的基本原理和应用条件,就可以很容易地使用统计软件进行数据分析。

统计软件大致可分为商业类软件和非商业类软件两大类。商业类软件种类繁多,较有代表性的有 SAS、SPSS、Minitab、Stata 等。多数人较熟悉的 Excel 虽然不是统计软件,但也提供了一些常用的统计函数和数据分析工具,其中包含一些基本的数据分析方法,可供非专业人员做简单的数据分析。商业类软件虽有不同的侧重点,但功能大同小异,基本上能满足大多数人做数据分析的需要。商业类软件使用相对简单,容易上手,但其主要问题是价格不菲,多数人难以接受。此外,商业软件更新速度较慢,难以提供最新方法的解决方案。

非商业类软件则不存在价格问题。目前较为流行的软件采用的语言有 R 语言和 Python 语言,二者都是免费的开源平台。R 语言是一种优秀的统计计算语言(在 CRAN 网站 http://www.r-project.org/ 上可以下载 R 语言的各种版本,包括 Windows、Linux 和 Mac OX 版本)。R 语言不仅支持主要的计算机系统,还有诸多优点,比如,更新速度快,可以包含最新方法的解决方案;提供丰富的数据分析和可视化技术。此外,R 软件中的包(package)和函数均由统计专家编写,函数中参数的设置也更符合统计和数据分析人员的思维方式和逻辑,并有强大的帮助功能和多种范例,即便是初学者也很容易上手。

Python 则是一种面向对象的解释型高级编程语言,并拥有丰富而强大的开源第三方库,也具有强大的数据分析可视化功能。Python 与 R 的侧重点略有不同,R 的主要功能是数据分析和可视化,且功能强大,多数分析都可以由 R 提供的函数实现,不需要进行太多的编程,代码简单,容易上手。Python 的侧重点则是编程,具有很好的普适性,但数据分析并不是其侧重点,虽然从理论上讲都可以实现,但往往需要编写很长的代码,帮助功能也不够强大,这对数据分析的初学者来说可能显得麻烦,但仍然不失为一种有效的数据分析工具。

总之,商业类软件价格不菲,相对呆板,已经不是未来的趋势,不推荐使用或应避免使用。相反,作为免费开放平台的 R 和 Python 则是未来的发展趋势,它们不仅功能强大,也更有利于数据分析人员理解统计方法的实现过程,加深对数据分析结果的理解和认识。

1.2 数据及其来源

做数据分析首先需要弄清楚数据是什么，数据有哪些类型，因为不同的数据所适用的分析方法是不同的。

1.2.1 数据及其分类

数据（data）是个广义的概念，任何可观测并有记录的信息都可以称为数据，它不仅包括数字，也包括文本、图像等。比如，一篇文章可以看作数据，一幅照片也可以视为数据。

本书使用的数据概念则是狭义的，仅指统计变量的观测结果。因此，要理解数据的概念，首先要清楚变量的概念。

观察某家电商的销售额会发现这个月和上个月有所不同；观察股票市场某只股票的收盘价格，今天与昨天不一样；观察一个班学生的月生活费支出，一个人和另一个人不一样；投掷一枚骰子观察其出现的点数，这次投掷的结果和下一次也不一样。这里的"电商销售额""某只股票的收盘价""月生活费支出""投掷一枚骰子出现的点数"等就是变量。简言之，**变量**（variable）是描述所观察对象某种特征的概念，其特点是从一次观察到下一次观察可能会出现不同结果。变量的观测结果就是数据。

根据观测结果的不同，变量可以粗略分为类别变量和数值变量两类。

类别变量（categorical variable）是取值为对象属性或类别以及区间值（interval value）的变量，也称**分类变量**（classified variable）或**定性变量**（qualitative variable）。比如：观察人的性别、上市公司所属的行业、顾客对商品的评价，得到的结果不是数字而是对象的属性。观测性别的结果是"男"或"女"；上市公司所属的行业为"制造业""金融业""旅游业"等；顾客对商品的评价为"很好""好""一般""差""很差"。人的性别、上市公司所属的行业、顾客对商品的评价等取值不是数值而是对象的属性或类别。此外，学生的月生活费支出可能分为1 000元以下、1 000～1 500元、1 500～2 000元、2 000元以上4个层级，"月生活费支出的层级"这4个取值也不是普通的数值而是数值区间，因而也属于类别变量。人的性别、上市公司所属的行业、顾客对商品的评价、学生月生活费支出的层级等都是类别变量。

类别变量根据取值是否有序可分为**无序类别变量**（disordered category variable）和**有序类别变量**（ordered category variable）两种。无序类别变量也称名义（nominal）值变量，其取值的各类别间是不可以排序的。比如，"上市公司所属的行业"这一变量取值为"制造业""金融业""旅游业"等，这些取值之间不存在顺序关系。再比如，"商品的产地"这一变量的取值为"甲""乙""丙""丁"，这些取值之间也不存在顺序关系。有序类别变量也称顺序（ordinal）值变量，其取值的各类别间可以排序。比如，"对商品的评价"这一变量的取值为"很好""好""一般""差""很差"，这5个值之间是有序的。取区间值的变量当然是有序的类别变量。只取两个值的类别变量也称为**布尔变量**（boolean variable）或二值变量（binary variable），例如"性别"这一变量只取男和女两个值，"真假"这一变量只取"真"和"假"两个值，等等。这里的"性别"和"真假"就是布尔变量。

类别变量的观测结果称为**类别数据**（categorical data）。类别数据也称"分类数据"或"定性数据"。与类别变量相对应，类别数据分为无序类别数据（名义值）和有序类别数据（顺序值）两种。布尔变量的取值也称为布尔值。

数值变量（metric variable）是取值为数字的变量，也称为**定量变量**（quantitative variable）。例如"电商销售额""某只股票的收盘价""生活费支出""投掷一枚骰子出现的点数"等变量的取值可以用数字来表示，都属于数值变量。数值变量的观测结果称为**数值数据**（metric data）或**定量数据**（quantitative data）。

数值变量根据取值的不同，可以分为**离散变量**（discrete variable）和**连续变量**（continuous variable）。离散变量的取值是只能取有限个值的变量，而且其取值可以列举，通常（但不一定）是整数，如"企业数""产品数量"等就是离散变量。连续变量是可以在一个或多个区间中取任何值的变量，它的取值是连续不断的，不能列举，如"年龄""温度""零件尺寸的误差"等都是连续变量。

此外，还有一种较为特殊的变量，即**时间变量**（time variable）。如果所获取的是不同时间上的观测值，这里的时间就是时间变量，由时间和观测值构成的数据称为**时间序列数据**（time series data）。时间变量的取值可以是年、月、天、小时、分、秒等任意形式。根据分析目的和方法的不同，时间变量可以作为数值变量，也可以作为类别变量。如果将时间序列数据绘制成条形图，旨在展示不同时间上的数值多少，这实际上是将时间作为类别处理了，此时可将时间视为离散值；如果要利用时间序列中的时间作为变量来建模，这实际上是将时间作为数值变量来处理，此时可将时间视为连续值。尽管如此，考虑到时间的特殊性，仍然可以将其单独作为一类。

如图 1-2 所示为变量的基本分类。

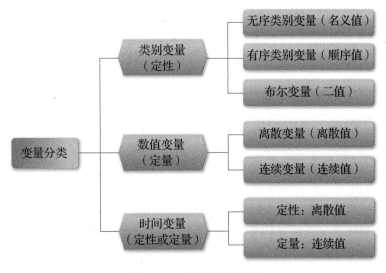

图 1-2　变量的基本分类

对应于不同变量的观测结果就是数据的相应分类。由于数据是变量的观测结果，因此，数据的分类与变量的分类是相同的。为表述方便，本书会混合使用变量和数据这两个概念，在讲述分析方法时多使用变量的概念，在例题分析中多使用数据的概念。

了解变量或数据的分类是十分必要的，因为不同的变量或数据适用的分析方法是不同的。通常情况下，数值变量或数值数据适用的分析方法更多。在实际数据分析中，所面对的数据集往往不是单一的某种类型，而是类别数据、数值数据甚至是时间序列数据构成的混合数据，对于这样的数据，要做何种分析，则取决于分析目的。

1.2.2 数据的来源

1. 直接来源和间接来源

数据分析面临的另一个问题是数据来源，也就是到哪里去找所需要的数据。从使用者的角度看，数据主要来源于两种渠道：一种是来源于直接的调查和实验，称为直接来源；另一种是来源于别人调查或实验的数据，称为间接来源。

对大多数使用者来说，亲自去做调查或实验往往是不可能的。所使用的数据大多数是别人调查或实验的数据，对使用者来说就是二手数据，这就是数据的间接来源。二手数据主要是公开出版或公开报道的数据，这类数据主要来自各研究机构、国家和地方的统计部门、其他管理部门、专业的调查机构以及广泛分布在各种报纸、杂志、图书、广播、电视传媒中的各种数据等。现在，随着计算机网络技术的发展，出现了各种各样的**大数据**（big data）。使用者可以在网络上获取所需的各种数据，比如，各种金融产品的交易数据、国家统计局官方网站（www.stats.gov.cn）的各种宏观经济数据等。利用二手数据对使用者来说既经济又方便，但使用时应注意统计数据的含义、计算口径和计算方法，以避免误用或滥用。同时，在引用二手数据时，一定要注明数据的来源，以示尊重他人的劳动成果。

数据的直接来源主要是通过实地调查、互联网调查或实验取得。比如，统计部门调查取得的数据；其他部门或机构为特定目的调查的数据；利用互联网收集的各类产品交易、生产和经营活动等产生的大数据。实验是取得自然科学数据的主要手段。

2. 概率抽样方法

当已有的数据不能满足需要时，可以亲自去调查或实验。比如，想了解某地区家庭的收入状况，可以从该地区中抽出一个由 2 000 个家庭组成的样本，通过对样本的调查获得数据。这里的"该地区所有家庭"是所关心的**总体**（population），它是包含所研究的全部元素的集合。所抽取的 2 000 个家庭就是一个**样本**(sample)，它是从总体中抽取的一部分元素的集合。构成样本的元素的数目称为**样本量**（sample size），比如，抽取 2 000 个家庭组成一个样本，样本量就是 2 000。

怎样获得一个样本呢？假定要在某地区抽取 2 000 个家庭组成一个样本，如果该地区的每个家庭被抽中与否完全是随机的，而且每个家庭被抽中的概率是已知的，这样的抽样方法称为**概率抽样**（probability sampling）。概率抽样方法有简单随机抽样、分层抽样、系统抽样、整群抽样等。

简单随机抽样（simple random sampling）是从含有 N 个元素的总体中抽取 n 个元素组成一个样本，使得总体中的每一个元素都有相同的概率被抽中。采用简单随机抽样时，如果抽取一个个体记录下数据后，再把这个个体放回原来的总体中参加下一次抽选，这样的抽样方法叫作**有放回抽样**（sampling with replacement）；如果抽中的个体不再放回，再从所剩下的个体中抽取第二个元素，直到抽取 n 个个体为止，这样的抽样方法叫作**无放回抽样**（sampling without replacement）。当总体数量很大时，无放回抽样可以视为有放回抽样。由简单随机抽样得到的样本称为**简单随机样本**（simple random sample）。多数统计推断都是以简单随机样本为基础的。

　　分层抽样（stratified sampling）也称分类抽样，它是在抽样之前先将总体的元素划分为若干层（类），然后从各个层中抽取一定数量的元素组成一个样本。比如，要研究学生的生活费支出，可先将学生按地区进行分类，然后从各类中抽取一定数量的学生组成一个样本。分层抽样的优点是可以使样本分布在各个层内，从而使样本在总体中的分布比较均匀，可以降低抽样误差。

　　系统抽样（systematic sampling）也称等距抽样，它是先将总体各元素按某种顺序排列，并按某种规则确定一个随机起点，然后每隔一定的间隔抽取一个元素，直至抽取 n 个元素组成一个样本。比如，要从全校学生中抽取一个样本，可以找到全校学生的名册，按名册中的学生顺序，用随机数找到一个随机起点，然后依次抽取就得到一个样本。

　　整群抽样（cluster sampling）是先将总体划分成若干群，然后以群作为抽样单元从中抽取部分群组成一个样本，再对抽中的每个群中包含的所有元素进行调查。比如，可以把每一个学生宿舍看作一个群，在全校学生宿舍中抽取一定数量的宿舍，然后对抽中宿舍中的每一个学生都进行调查。整群抽样的误差相对要大一些。

1.3　Python 的初步使用

　　Python 是一种面向对象的解释型高级编程语言。因其简单易学、免费、拥有丰富而强大的开源第三方库等诸多优点，被广泛应用于系统和网络编程、数据处理、云计算、机器学习和人工智能等多个领域，已成为目前广泛使用的编程语言之一。在 Python 的 Lib 目录中，this.py 隐藏了一首诗，在 Python 的 IDLE 中输入" import this"可以显示出来，这首诗是《Python 之禅》（*The Zen of Python*），表达了 Python 的思想：简单，明确，优美。

1.3.1　Python 的下载与安装

　　Python 目前主要有两个版本，即 Python 2.X 和 Python 3.X，两个版本存在较大差异。Python 3 的使用者越来越多，也是未来的趋势，建议大家使用 Python 3。截至 2021 年 12 月，Python 的最新版本是 3.10.0。Python 的版本更新较快，每年有数十次的版本更新，但并不建议使用时盲目更新到最新版本。因为 Python 已搭建的环境或者安装的模块对版本有依赖，升级后可能出现原环境或模块无法使用的情况。在有多个版本需求时，建议

同时安装多个版本。

使用前，需要在计算机系统中安装 Python 软件。Python 有不同的开发环境或平台，使用者可根据个人偏好选择不同的平台下载和安装 Python。

1. Python 的下载与安装

使用者可以根据自己的计算机系统和位数（32 位或 64 位）选择相应的版本。在 Python 官方网站（https://www.python.org/）下载所需版本，包括 Windows 版本、Linux 版本和 Mac OX 版本。

如果使用的是 Windows 系统，下载完成后会在桌面出现带有 Python 版本信息的图标，双击该图标即可完成安装。注意安装时需要将 Python 加入系统环境变量即 PATH 中。Python 的安装界面如图 1 − 3 所示。

图 1 − 3　Python 的安装界面

安装 Python 后，程序会自动安装一个自带的编辑器 IDEL。单击 Windows 的"开始"菜单，找到 Python 下的 IDEL，单击即可打开 IDEL。在提示符"＞＞＞"后输入命令代码，每次可以输入一条命令，也可以连续输入多条命令，命令之间用分号"；"隔开。命令输入完成后，按"Enter"键，Python 软件就会运行该命令并输出相应的结果。比如，在提示符"＞＞＞"后输入 2+3，按"Enter"键后显示结果为 5。如果要输入的数据较多，超过一行，可以在适当的地方输入反斜杠"\"后按"Enter"键，在下一行继续输入。如果代码前方有未闭合的括号，则无须输入反斜杠，直接换行即可，Python 会在断行的地方自动缩进。Python 对缩进要求非常严格，通常用 4 个空格表示一个缩进单位。这样写出来的 Python 代码整洁美观，易读性强。

Python 代码虽然可以在提示符后输入，但如果输入的代码较多，难免出现输入错误。如果代码输入错误或书写格式错误，运行后，Python 会出现错误提示或警告信息。这时，在 Python 界面中修改错误的代码比较麻烦，也不利于保存代码，因此，Python

代码最好是在脚本文件中编写，编写完成并保存到指定目录的文件夹后，单击工具栏的"运行"即可在 Python 中运行该代码并得到相应结果。

使用脚本文件编写代码时，先在 Python 控制台中单击"File"→"New File"，会弹出 Python 代码编辑器，在其中编写代码即可。要运行代码，可单击"Run"→"Run Module"，然后将代码文件保存在指定的目录中，即可运行并得到结果，如图 1-4 所示。

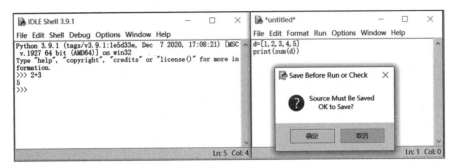

图 1-4　在 IDEL 中编写代码

2. Anaconda 的下载与安装

安装好 Python 后就可以进行代码编写了，但使用其他模块时需要另行安装，而 Anaconda 则不同，它是一种适合数据分析的 Python 开发环境，也是一个开源是 Python 版本。Anaconda 包含了多个基本模块，如 numpy, pandas, matplotlib, IPython 等，安装 Anaconda 后，这些模块也就一并安装好了，Anaconda 还内置了 Jupyter Notebook 开发环境，便于代码的编写和修改。本书代码编写和运行使用的就是 Anaconda 平台的 Jupyter Notebook 界面，推荐初学者使用。Anaconda 下载与安装步骤如下：

首先，下载 Anaconda。进入官网（https://www.anaconda.com），点击右上角的"Get Started"，如图 1-5 所示。

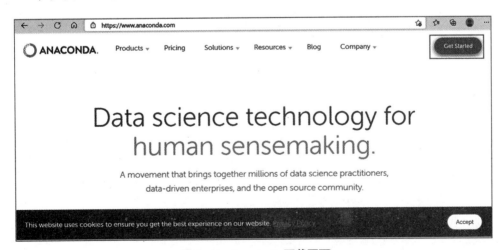

图 1-5　Anaconda 下载页面

然后选择 Anaconda 个人版选项，如图 1-6 所示。

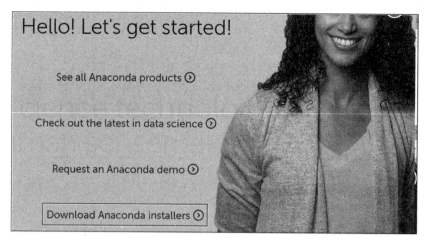

图 1 - 6　选择安装 Anaconda 个人版

在弹出的页面中选择自己的电脑系统，如果是 Windows 系统，需要选择电脑系统的位数，比如 64 位，即可以下载，如图 1 - 7 所示。

图 1 - 7　选择安装 Anaconda 的操作系统并下载

下载完成后，即可根据提示完成安装。

3. Anaconda 的界面

Anaconda 有几种不同的界面可供使用，如 Jupyter Notebook，Spyder，Ipython 等，使用者可根据自身偏好选择。

Jupyter Notebook 是一个交互式编辑器，它是以网页的形式打开程序，可以在线或非在线编写代码和运行代码，代码的运行结果可以直接在代码块下显示，对使用者而言比较直观，易于代码的编写和修改。Jupyter Notebook 还可以使用 Markdown 和 HTML 来创建包含代码块和标题或注释的文档，便于代码块的区分。

（1）创建 Jupyter Notebook 文件。

打开 Jupyter Notebook，单击右上角的"New"按钮，选择 Python 3，即可以创建一个 Python 文件，如图 1 - 8 所示。

该文件以扩展名 ipynb 命名，如 Untitled.ipynb，使用者可单击"Files"下拉菜单中的"Rename"随时修改文件名。

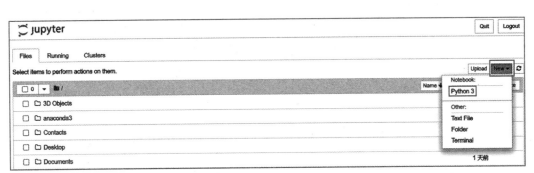

图 1 - 8　新建一个 Jupyter Notebook 文件

（2）在 Jupyter Noteboo 中编写代码。

创建好 Jupyter Notebook 文件后，单击该文件，系统会自动弹出一个窗口，如图 1 - 9 所示。

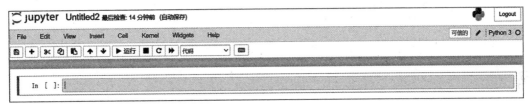

图 1 - 9　代码编辑窗口

在 in[ ] 后的代码框（称为"cell"）中可输入代码。单击"运行"按钮或使用组合键 <Ctrl+Enter> 即可运行该代码，运行结果会在代码块的下面显示，其中 out[ ] 内的数字表示代码块的第几次运行的输出。比如，输入 2+3，然后运行，会在代码块下显示 5。其中，in[1] 表示代码块的第 1 次运行，out[1] 表示代码块第 1 次运行的输出。要增加新的代码编辑框，可以单击"+"在下方增加代码编辑框，单击"Insert"，可以在上方或下方增加代码编辑框，即可继续编写代码。比如，编写计算（80，87，98，73，100）这 5 个数值平均数的代码，然后运行，界面如图 1 - 10 所示。其中，in[2] 表示代码块的第 2 次运行，out[2] 表示第 2 次运行的输出结果。

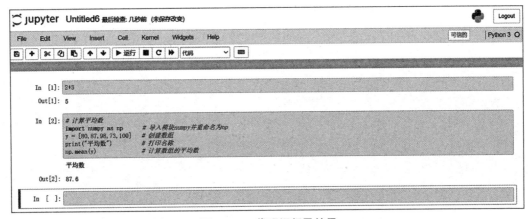

图 1 - 10　代码运行及结果

本书的代码编写及运行结果均使用 Jupyter Notebook 界面，代码文件也已存为 Jupyter Notebook 的专属格式，读者在 Jupyter Notebook 中打开文件即可运行或修改。

（3）保存 Jupyter Notebook 文件。

要保存编写的代码，常用的格式有两种：一种是 Jupyter Notebook 的专属文件格式；另一种是 Python 格式。

要保存为 Jupyter Notebook 格式，在文件界面中单击"file"菜单，选择"Save and Checkpoint"，文件会自动保存在默认路径下，文件的扩展名为 ipynb。如果要保存在自己的文件夹中，可以在桌面上先建立一个文件夹，比如 Python_code，进入 Jupyter Notebook 后，单击"Desktop"就能显示你的文件夹 Python_code，单击该文件夹，并单击右上角的"New"按钮，选择 Python 3，即可以创建一个 Python 文件，这个文件就会自动保存至文件夹 Python_code 中，你可以建立多个不同名称的文件保存在该文件夹中。本书的代码文件均以章（chap）的名字命名，并保存在特定的文件夹中。每个文件中均使用 Markdown 做了注释，以区分各代码块，便于读者查找和使用。

要保存成 Python 文件，单击"file"菜单，选择"Download as"下的"Python(.py)"，文件会自动保存在默认路径下。

Anaconda 还有一个 Spyder 界面，该界面类似于 RStudio。在 Windows 的"开始"菜单中找到"Anaconda"，在子目录中找到"Spyder"，单击后即可打开 Spyder 界面。Spyder 界面由多个窗格组成，使用者可根据需要调整位置和大小。左侧窗格是代码编辑器，右下窗格是输入的代码及代码运行结果的交互式控制台（Console），右上窗格可以查询帮助、导入数据等。如图 1-11 所示为作者编写的代码和运行结果。

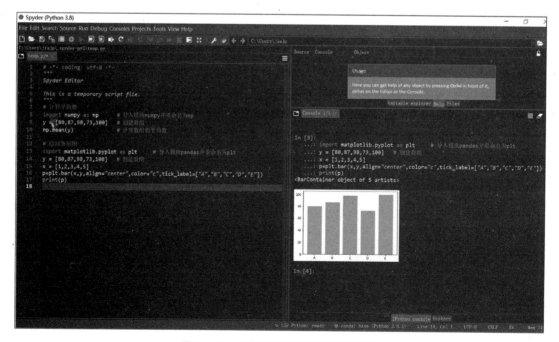

图 1-11　作者编写的代码和运行结果

1.3.2　模块的安装与加载

Python 中的**模块**（module）也称为库或**包**（package），它是指包含 Python 类、函数等信息的集合，可以看作一个工具包。大部分统计分析和绘图都可以使用已有的 Python 模块中的函数来实现。一个 Python 模块中可能包含多个函数，能做多种分析和绘图，对于同一问题的分析或绘图，也可以使用不同模块中的函数来实现，用户可以根据个人需要和偏好选择所用的模块。模块的下载与安装可以在 Python 中进行，也可以在 Anaconda 中进行，这取决于所使用的操作平台或环境。

在最初安装 Python 软件时，软件会自带一系列内置模块，如 time，random，sys，os，json，pickle，shelve，xml，re，logging 等，Python 作为一个强大的编程语言，它的使用场景很多，因此，内置模块多用于实现与操作系统的交互或用于不同数据格式的存储与读取。除内置模块外，Python 还提供了丰富的开源第三方模块，统计常用的模块有数值计算模块 numpy、数据处理模块 pandas、作图模块 matplotlib、统计计算模块 statistics、统计建模模块 statsmodels 等。内置模块和第三方模块提供了种类繁多的函数，使用前需要导入这些模块才能使用其中的函数。

pip 工具是 Python 自带的第三方安装工具，在 python 安装过程中已经安装完成，无须独立安装。如果安装 Python 时成功将其加入 PATH，就可以在操作系统终端直接使用 pip install< 模块名称 > 命令安装第三方模块。在 Windows 系统操作时，同时按下组合键 <win+R>，在弹出的"运行"窗口输入 " cmd" 即可打开终端。如果应用的是 MacOS，直接打开 Terminal 即可。

使用 Anaconda 安装模块需要在 Aandonda Prompt 中输入命令。单击 Windows 的"开始"按钮，在"Anaconda"中单击"Aandonda Prompt"，在打开的界面中输入安装命令即可完成安装。比如，要安装模块 pandas，输入 pip install < 模块名称 > 或 conda install < 模块名称 > 即可完成安装。使用该模块时，需要利用 import 命令将其加载到 Python 环境中。使用 Anaconda 进行模块操作的代码如代码框 1－1 所示（使用 Python 时将 conda 更换成 pip 即可）。

代码框 1－1　Python 模块的一些操作	
pip install pandas	# 安装模块 pandas
import numpy	# 导入模块 numpy
import numpy as np	# 导入模块 numpy 并重命名为 np
conda list	# 列出已经安装的所有模块
conda uninstall pandas	# 从 Python 中彻底删除 pandas 模块

对于名称较长的模块，为方便使用，通常在导入后简化命名。比如，import pandas as pd 表示导入模块 pandas 并简化命名为 pd，import matpoltlib as plt 表示导入模块 matploylib 并简化命名为 plt，等等。因此，当你看到 pd.read_csv 时，意味着引用的是

pandas 模块中的 read_csv 函数；看到 np.average 时，意味着引用的是 numpy 模块中的 average 函数。

1.3.3　查看帮助文件

Python 中的大部分计算和绘图均可由 Python 函数完成，这些函数通常来自不同的 Python 模块，每个 Python 模块和函数都有相应的帮助说明。使用中遇到疑问时，可以随时查看帮助文件。

查询 Python 内置的模块或函数时，直接使用 help(函数名) 或 help(' 模块名 ') 即可。比如，要了解 sum 函数功能及使用方法，可以使用 help(sum) 或 ?sum 来查询；要了解 random 模块的功能及使用方法，可使用 help('random') 查询，或先使用 import 导入该模块，再使用 help(random) 查询。要查询从第三方平台安装的模块和其中的函数时，需要先用 improt 导入模块，确保坏境内有这个对象，如代码框 1-2 所示。

```
                                    代码框 1-2　查看帮助
help(sum)                  # 查看 sum 函数的帮助信息
help('random')            # 查看模块 random 的帮助信息
# 或
import random             # 导入 random 模块
help(random)             # 查看模块 random 的信息
help(random.gauss)       # 查看模块 random 中 gauss 函数的信息
```

help(sum) 会输出 sum 函数的形式、参数设置与用法信息，有时包含示例等内容。help(random) 可以输出 random 模块的简短描述以及模块中各函数与方法的名称及其用法，help(random.gauss) 可以查看 random 模块中 gauss 函数的用法。

1.3.4　编写代码脚本

在 Python 中完成任何一项工作都需要编写代码。一组代码称为代码块，它可以由一行或多行代码组成。

1. 对象赋值

Python 是一门面向对象的语言，它有一个重要的概念，即一切皆对象。在 Python 中，数字、字符串、元组、列表、字典、函数、方法、类、模块，包括你写的代码都是**对象**（object）。

对象也就是给某个变量、数据集或一组代码起一个名字。比如，要对数据做多种分析，如计算平均数、标准差，绘制直方图等，每次分析都输入数据会非常麻烦，这时，可以将多个数据组合成一个数据集，并给数据集起一个名称，然后把数据集赋值给这个名称，也就是将某个数据集或一组代码暂时储存在这个对象下，需要运行时直接运行这个名字即可。比如，d=example1_1 就是将数据框 example1_1 赋值给了对象 d，要使用该

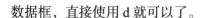

数据框，直接使用 d 就可以了。

　　Python 语言的标准赋值符号是"="。使用者可以给对象赋一个值、一个列表、一个矩阵或一个数据框、一个代码块等。比如，将 5 个数据组成的列表 [80，87，98，73，100] 赋值给对象 x，将数据文件 example1_1 赋值给对象 d 等，代码如代码框 1－3 所示。

```
代码框 1－3　对象赋值

x = [80, 87, 98, 73, 100]    # 将 5 个数据组成的列表赋值给对象 x
d = example1_1               # 将数据框 example1_1 赋值给对象 d
s=sum(x)                     # 计算对象 x 的总和并赋值给对象 s
n=len(x)                     # 计算对象 x 的元素个数并赋值给对象 n
m=s/n                        # 计算对象 x 的平均数并赋值给对象 m
```

　　通过赋值可以方便数据引用和简化代码编写。比如，要分析 80, 87, 98, 73, 100 这 5 个数据，就可以直接分析对象 x；计算平均数可以写成 s/n，要运行 s/n 直接运行 m 即可。尤其是在编写较复杂的代码块时，经常需要引用前面赋值的对象，从而简化代码。

　　代码框 1－3 中的"#"是 Python 语言的注释符号，运行代码遇到注释符号时，会自动跳过 # 后的内容，未使用"#"标示的内容，Python 都会视为代码而运行，没有"#"符号的注释，Python 软件会显示错误信息。

　　2. 变量命名

　　在分析数据时，通常需要写入变量或引用变量。在 Python 中，变量名是一种特定标识符（字符串）。Python 的变量命名规则如下：

　　（1）标识符可以由字母、数字、下划线（_）组成，其中数字不能在最前面。字母并不局限于 26 个英文字母，可以包含中文字符等。

　　（2）Python 语言区分大小写，因此 abc 和 Abc 是两个不同的标识符。

　　（3）标识符不能包含空格。

　　Python 的 33 个关键字如表 1－1 所示。这些关键字在语法中有特定的含义和功能，不能作为变量名。使用关键字作为变量名时 Python 解释器会报错。

表 1－1　Python 的 33 个关键字

and	del	global	nonlocal	while
as	elif	if	not	with
assert	else	import	or	yield
break	expect	in	pass	FALSE
class	finally	is	raise	TRUE
continue	for	lambda	return	
def	from	None	try	

Python 有一些内置函数 (Built-in Functions)，不需要导入任何模块就可以使用，如代码框 1 - 2 中的 sum 函数和 len 函数，较常用的还有查看变量类型的 type 函数，创建整数序列的 range 函数等。如果尝试使用内置函数的名字作为变量名，Python 解释器虽然不会报错，但该内置函数会被这个变量覆盖，就不能继续使用了。

1.3.5 数据读取和保存

在对数据进行分析或绘图时，可以在 Python 环境中录入数据，但比较麻烦。如果使用的是已有的外部数据，如 Excel 数据、SPSS 数据、SAS 数据、Stata 数据等，可以将外部数据读入 Python 环境。建议读者在 Excel 中做数据录入和简单处理，然后在 Python 中读入该数据进行分析。

1. 读取外部数据

Python 软件可以读取不同形式的外部数据，这里主要介绍如何读取 csv 格式和 Excel 格式的数据。本书使用的数据形式均为 csv 格式，其他很多类型的数据也可以转换为 csv 格式，如 Excel 数据、SPSS 数据等。

使用 pandas 库中的 read_csv 函数可以将 csv 格式数据读入 Python 环境。函数默认参数 header='infer'，即读取的 csv 数据将第一行作为标题（即列索引）。如果数据中没有标题，可以使用 Names 参数手动设置，如果数据标题不是从第一行开始，可以使用 header 参数确定标题行。假定有一个名为 table1_1 的数据文件，并以 csv 和 Excel 两种格式存放在路径 "C:/pdata/example/chap01/" 中，读取该数据的代码如代码框 1 - 4 所示。

代码框 1 - 4　读取 csv 格式数据

```
# 读取 csv 格式数据
import pandas as pd
table1_1 = pd.read_csv("C:/pdata/example/chap01/table1_1.csv", encoding='gbk')
                                              # 指定编码格式为 'gbk'
table1_1
```

姓名	统计学	数学	经济学
刘文涛	68	85	84
王宇翔	85	91	63
田思雨	74	74	61
徐丽娜	88	100	49
丁文彬	63	82	89

注：读取 csv 格式数据时，需要设置参数 encoding='gbk'，也就是指定编码格式。因为 Python 的默认编码格式为 "UTF-8"，而将 Excel 文件另存为 csv 格式时，默认的编码格式为 "GBK"，所以读取 csv 格式数据时需要指定编码格式为 "GBK"，与原文件的编码格式一致，否则系统会报错。

```
# 读取 excel 格式数据
import pandas as pd
df = pd.read_excel("C:/pdata/example/chap01/table1_1.xlsx")     # 读取数据并重命名为 df
df
```

注：运行 df 得到的结果与上述相同。

2. 保存数据

在分析数据时，如果读入的是已有的数据，并且未对数据做任何改动，就没必要保存，下次使用时，重新加载该数据即可。但是，如果在 Python 中录入的是新数据，或者对加载的数据做了修改，保存数据就十分必要。

如果在 Python 环境中录入了新数据，或者读入的是已有的数据，想要将数据以特定的格式保存在指定的路径中，则先要确定保存成何种格式。如果想将数据框保存成 csv 格式，则数据文件的后缀必须是 csv，可以使用数据框的 to_csv 方法。如果要将数据保存为 Excel 格式，则数据文件的后缀必须是 xlsx，可以使用数据框的 to_excel 方法。假定要将 table1_1 保存在指定的路径中，代码如代码框 1-5 所示。

代码框 1-5　保存数据

```
# 将数据保存为 csv 格式，并存放在指定的路径中（未运行）
import pandas as pd
# table1_1 = pd.read_csv("C:/pdata/example/chap01/table1_1.csv", encoding='utf-8')
# table1_1.to_csv("C:/pdata/example/chap01/df1.csv", index=False, encoding='utf-8')
            # 将 table1_1 保存在指定的目录下，并取名为 df1。编码格式为 utf-8
```

```
# 将数据保存为 xlsx 格式，并存放在指定的路径中（未运行）
# table1_1 = pd.read_csv("C:/pdata/example/chap01/table1_1.csv", encoding='gbk')
# table1_1.to_excel("C:/pdata/example/chap01/df2.xlsx", index=False, encoding='utf-8')
            # 将 table1_1 保存在指定的目录下，并取名为 df2。编码格式为 utf-8
```

注：1. 两种方法的 index 参数默认为 True，设置为 False 表示不保存行索引，encoding 用于选择文件编码形式，一般使用 utf-8 编码。

2. 如果已将数据保存成 Python 的默认编码格式"UTF-8"，在读取时可以省略编码格式，或写成"encoding='utf-8'。

思维导图

下面的思维导图展示了数据分析的内容和本书的框架。

思考与练习

一、思考题

1. 请列举出数据分析应用的几个场景。

2. 请列举出你所知道的数据分析软件。

3. 举例说明无序类别变量、有序类别变量、布尔变量和数值变量。

4. 获得数据的概率抽样方法有哪些？

5. 简述数据或变量的基本分类。

二、练习题

1. 指出下面的变量属于哪一类型。

（1）年龄。

（2）性别。

（3）汽车产量。

（4）员工对企业某项改革措施的态度（赞成、中立、反对）。

（5）购买商品时的支付方式（现金、信用卡、支票）。

2. 一家研究机构从 IT 从业者中随机抽取 1 000 人作为样本进行调查，其中 60% 的人回答他们的月收入在 10 000 元以上，90% 的人回答他们的消费支付方式是用信用卡。

（1）这一研究的总体是什么？样本是什么？样本量是多少？

（2）"月收入"是无序类别变量、有序类别变量还是数值变量？

（3）"消费支付方式"是无序类别变量、有序类别变量还是数值变量？

3. 一项调查表明，消费者每月在网上购物的平均花费是 1 000 元，他们选择在网上购物的主要原因是"价格便宜"。

（1）这一研究的总体是什么？

（2）"消费者在网上购物的原因"是无序类别变量、有序类别变量还是数值变量？

4. 某大学的商学院为了解毕业生的就业倾向，分别在会计专业抽取 50 人、市场营销专业抽取 30 人、企业管理专业抽取 20 人进行调查。

（1）这种抽样方式是分层抽样、系统抽样还是整群抽样？

（2）样本量是多少？

5. 在 Python 中录入数据：18，25，56，88，20，65，并将其赋值给对象 d，保存成名称为 data1_1 的 csv 格式。

第 2 章

Python 数据处理

在做数据分析前，首先需要对获得的数据进行审核、清理，并录入计算机，形成数据文件，之后再根据需要对数据做必要的预处理，以便满足分析的需要。本章首先介绍 Python 语言的数据类型及其处理方法，然后介绍数据频数分布表的生成方法。

2.1 Python 的基本数据结构

Python 中有 6 种基本的数据结构或称数据类型，分别是**数字**（number）、**字符串**（string）、**元组**（tuple）、**列表**（list）、**字典**（dictionary）、**集合**（set），这 6 种数据类型通过不同的组成方式和定义可以产生更多的类型。使用内置函数 type() 可以查看数据的类型。

2.1.1 数字和字符串

1. 数字

数字用于储存数值。Python 支持 4 种类型的数字，即 int（整数类型）、float（浮点类型，即取小数）、bool（布尔类型，是只取 True 和 False 两个值的逻辑型数字，也可以用 0 和 1 表示）、complex（复数类型）。

2. 字符串

字符串是由数值、字母、下划线组成的字符。可以使用单引号（''）、双引号（""）或三引号（""""）指定字符串，使用"+"连接两个字符串。

2.1.2　元组和列表

1. 元组

元组是一维序列，其定长是固定的、不可变的，内容不能修改，通常用"()"标识，元素之间用","分隔。比如，输入 (1, 2, 3, 4, 5) 就生成了一个元组。

2. 列表

列表也是一维序列，与元组不同的是其长度是可变的，它所包含的内容也可以进行修改。列表中的元素可以是相同类型，也可以是不同类型，元素之间用逗号分隔，使用中括号"[ ]"或 list 类型函数可以创建列表，如代码框 2 - 1 所示。

代码框 2 - 1　创建列表	
a = [2, 3, 4, 5]; a	# 生成同类型元素的列表
[2, 3, 4, 5]	
b=[" 甲 "," 乙 "," 丙 "," 丁 "]; b	# 元素同为字符串的列表
[' 甲 ',' 乙 ',' 丙 ',' 丁 ']	
c = [" 甲 ", 23, True, [1, 2, 3]]; c	# 不同类型元素的列表
[' 甲 ', 23, True, [1, 2, 3]]	
d = list(range(10)); d	# 用 range 函数生成等差数列，起始为 0，步长为 1
[0, 1, 2, 3, 4, 5, 6, 7, 8, 9]	
e=list(range(100, 200, 20)); e	# 在 100 ～ 200 之间生成数列，步长为 20
[100, 120, 140, 160, 180]	
注：range 函数是 Python 的内置函数，用于生成整数等差序列，共有 3 个参数，分别是起始值、终点值和步长。默认起始值为 0，可以为负值，但不能是小数，默认步长为 1，生成规则是左闭右开。	

使用索引可以访问列表中的元素，索引的符号也是方括号。比如，访问代码框 2 - 1 中列表 b 的第一个元素，输入代码 [0]，显示的结果为 ' 甲 '；访问列表 c 的第 3 个元素，

输入代码 c[2]，得到元素 True。注意：Python 的索引从左到右是从 0 开始的，从右到左是从 −1 开始的。

根据需要可以对列表进行其他操作。比如，使用 append 方法将元素添加到列表的尾部；使用 insert 方法将元素插入指定的列表位置；使用 pop 方法将列表中特定位置的元素移除并返回；使用 sort 方法对列表中的元素排序；使用 "+" 连接两个列表，等等。代码框 2 - 2 给出了列表的几种不同操作。

代码框 2 - 2 列表的几种不同操作
向列表追加或插入元素 a.append(6); a   # 将数字 6 追加到列表 a 的尾部
[2, 3, 4, 5, 6]
b.insert(2, ' 戊 '); b # 在列表 b 的第 3 个位置插入 "戊"（插入位置的范围从 0 到列表的长度）
[' 甲 ',' 乙 ',' 戊 ',' 丙 ',' 丁 ']
移除列表中特定位置的元素并返回 b.pop(2); b   # 移除列表 b 中第 3 个位置的元素并返回
[' 甲 ',' 乙 ',' 丁 ']

# 连接两个列表 	
ab=a+b   # 将列表 a 和列表 b 连接成一个新列表 ab
ab

[2, 3, 4, 5, ' 甲 ',' 乙 ',' 丙 ',' 丁 ']

# 列表元素的排序 	
f = [2, 3, 4, 5, 2, 8] # 创建列表 f
f.sort()   # 列表元素的排序
f

[2, 2, 3, 4, 5, 8]

g=[' 甲 ',' 乙 ',' 戊 ',' 丙 ',' 丁 ']   # 创建列表 g
g.sort()   # 列表元素的排序，或写成 sorted(g)
g

[' 丁 ',' 丙 ',' 乙 ',' 戊 ',' 甲 ']
注：使用 Python 的内置函数 sorted() 也可以对列表中的元素进行排序。sorted(g) 返回的结果与上述相同。Python 中的内置函数还有很多，如 len() 返回列表中元素的个数；min() 返回列表中的最小元素；max() 返回列表中的最大元素，等等。

2.1.3　字典和集合

1. 字典

字典是 Python 最重要的内置结构之一，它是大小可变的键值对集，其中**键**（key）和**值**（value）都是 Python 对象。字典中的元素用大括号 {} 括起来，用"："分割键和值，不同的键值组合之间用"，"分隔。用大括号"{ }"或 dict 函数可以创建字典，其形式如下：

dictionary={key1:value1, key2:value2, ……}

或写成：

dictionary=dict(key1=value1, key2=value2, ……)

与列表类似，字典也有很多操作方法，代码框 2 – 3 列出了创建字典和字典操作的几个例子。

代码框 2 – 3　字典的一些简单操作

```
# 用大括号 {} 创建字典
dc1={'刘文涛':68,'王宇翔':85,'田思雨':74,'徐丽娜':88,'丁文彬':63} # 创建 5 名学生考试分数的字典
dc1
```

{'刘文涛': 68, '王宇翔': 85, '田思雨': 74, '徐丽娜': 88, '丁文彬': 63}

```
# 用 dict 函数创建字典
dc2=dict(刘文涛=68,王宇翔=85,田思雨=74,徐丽娜=88,丁文彬=63) # 创建 5 名学生考试分数的字典
dc2
```

{'刘文涛': 68, '王宇翔': 85, '田思雨': 74, '徐丽娜': 88, '丁文彬': 63}

```
# 以列表的形式返回字典 dc1 中的键
dc1.keys()
```

dict_keys(['刘文涛', '王宇翔', '田思雨', '徐丽娜', '丁文彬'])

```
# 以列表的形式返回字典 dc1 中的值
dc1.values()
```

dict_values([68, 85, 74, 88, 63])

```
# 以列表的形式返回字典 dc1 中的键值对
dc1.items()
```

dict_items([('刘文涛', 68), ('王宇翔', 85), ('田思雨', 74), ('徐丽娜', 88), ('丁文彬', 63)])

```
# 返回（查询）字典 dc1 中键 k 上的值
dc1['徐丽娜']
```

```
88
```

```
# 删除字典 dc1 中的某个键值对
del dc1[' 田思雨 ']
dc1
```

```
{' 刘文涛 ': 68, ' 王宇翔 ': 85, ' 徐丽娜 ': 88, ' 丁文彬 ': 63}
```

2. 集合

集合是由唯一元素组成的无序集，可看作只有键、没有值的字典。由于集合中的元素是无序的，不记录元素的位置，因此不支持索引、切片等类似序列的操作，只能遍历或使用 in、not in 等访问或判断集合元素。使用 set() 函数或大括号 "{ }" 的方式可以创建集合，一个空集合必须使用 set() 创建。集合的创建和一些简单操作如代码框 2 - 4 所示。

代码框 2 - 4　集合的一些简单操作

```
# 使用 set 函数创建集合
set1 = set([2, 2, 2, 1, 8, 3, 3, 5, 5])
set1
```

```
{1, 2, 3, 5, 8}
```

```
# 使用大括号 {} 创建集合
set2 = {2, 2, 2, 1, 4, 3, 3, 5, 6, 6}
set2
```

```
{1, 2, 3, 4, 5, 6}
```

```
# 两个集合的并集 (两个集合中不同元素的集合)
set1|set2          # 或写成 set1.union(set2)
```

```
{1, 2, 3, 4, 5, 6, 8}
```

```
# 两个集合的交集 (两个集合中同时包含的元素)
set1&set2          # 或写成 set1.intersection(set2)
```

```
{1, 2, 3, 5}
```

2.2 数组、序列和数据框

除了 Python 提供的基本数据结构外，实际数据分析中，经常使用的数据结构（类型）还有**数组**（array）、**序列**（serises）、**数据框**（data frame）等。数组是 numpy 模块的主要对象，序列和数据框则是 pandas 模块的主要数据结构。

2.2.1　numpy 中的数组

numpy 是 numerical python 的简称，它是 Python 中数值计算的最重要的基础模块。其他一些模块也都提供了基于 numpy 的函数功能。*n* **维数组**（ndarray）是 numpy 模块中定义的对象，它可以是一维、二维和多维，数组中的元素类型是数值型。*n* 维数组由实际数据和描述这些数据的元数据（数据维度、数据类型等）组成，一般要求所有元素类型相同，数组下标从 0 开始。

一维数组就是通常所说的**向量**（vector），二维数组就是通常所说的**矩阵**（matrix）。可以通过构造函数 array 创建 *n* 维数组，也可以使用 numpy 中的其他函数如 arange 函数、ones 函数以及 zeros 函数等创建 *n* 维数组。代码框 2 - 5 是有关数组的一些操作。

代码框 2 - 5　数组的一些操作

```
# 创建一维数组（向量）
import numpy as np
a1=np.array([5, 4, 1, 2, 3])      # 用 array 函数创建数组
a2=np.arange(10)                  # 用 range 函数生成等差数列，起始为 0，步长为 1
a3=np.arange(2, 6, 0.5)           # 用 arange 函数在 2 ~ 6 之间生成步长为 0.5 的等差序列
print('a1:', a1)                  # 输出结果
print('a2:', a2)
print('a3:', a3)
```

```
a1: [5 4 1 2 3]
a2: [0 1 2 3 4 5 6 7 8 9]
a3: [2. 2.5 3. 3.5 4. 4.5 5. 5.5]
```

```
# 创建二维数组（矩阵）
import numpy as np
a4= np.array([[1, 2], [3, 4], [5, 6]])    # 创建 2×3 的矩阵
a4
```

```
array([[1, 2],
       [3, 4],
       [5, 6]])
```

```
# 改变数组的形状
import numpy as np
a5= np.arange(12)               # 创建一维数组
a6=a5.reshape(3, 4)             # 改变数组为 3×4 的二维数组（矩阵）
a6
```

```
array([[ 0, 1, 2, 3],
       [ 4, 5, 6, 7],
       [ 8, 9, 10, 11]])
```

```
# 数组的其他操作（读者自己运行代码查看结果）
a6.ndim                      # 查看数组 a6 的维度
a6.shape                     # 查看数组 a6 的形状
a6.dtype                     # 查看数组 a6 的数据类型
a6.astype(float)             # 改变数组 a6 的数据类型为浮点值
a6[2]                        # 访问数组 a6 中的第 3 组元素（索引从 0 开始）
a3[5]                        # 访问数组 a3 中的第 6 个元素（索引从 0 开始）
a1.sort()                    # 对数组 a1 中的元素排序
```

注：int 表示整数，如 int32 表示 32 数位整数；int64 表示 64 数位整数。
float 表示浮点数，如 float32（代码：f4 或 f）表示标准单精度浮点数；float64（代码：f8 或 d）表示标准双精度浮点数；float128（代码：f16 或 g）表示拓展精度浮点数。

2.2.2 pandas 中的序列和数据框

pandas 是 Python 中的核心数据分析模块，它提供了两种数据结构，即序列和数据框。这里主要介绍序列和数据框的创建及简单操作。

1. 序列

序列类似于一维数组，不同的是它由索引（index）和一维数值（values）组成。序列可以储存整数、浮点数、字符、Python 对象等多种类型的数据，但一个序列最好只存储一种类型的数据，若存在多种数据类型，该序列的类型会自动转换成对象。使用 Series 函数可创建序列，使用前需要导入 pandas 模块。下面介绍几种比较常用的构造序列的方式，代码如代码框 2－6 所示。

代码框 2－6　用 pandas 创建序列

```
import pandas as pd
s1 = pd.Series([2, 3, 4, 5])          # 省略索引时自动生成索引
s1

0    2
1    3
2    4
3    5
dtype: int64

s2 = pd.Series([5, 8, 7, 6], index=['a', 'b', 'c', 'd'])    # 自行指定索引
s2

a    5
b    8
c    7
d    6
dtype: int64
```

```
# 由标量生成序列时，不能省略索引
s3 = pd.Series([60, 80, 50], index=[' 甲 ', 25, True])  # 索引可以是不同类型元素
s3
```

```
甲      60
25      80
True    50
dtype: int64
```

```
# 由 Python 字典生成序列
s4 = pd.Series({'a': 1, 'b': 'boy', 'c': 3})        # 索引与数据以字典形式传入
s4
```

```
a    1
b    boy
c    3
dtype: object
```

```
# 由其他函数生成序列
s5 = pd.Series(range(5))              # 使用 range 函数，类似列表
print(s5)                             # print 函数用于标准输出（这里也可以直接运行对象 s5）
```

```
0    0
1    1
2    2
3    3
4    4
dtype: int64
```

　　Series 函数接受多种类型的数据并将其转为序列。理解序列最重要的两点是索引和数据。序列有两套索引并存：一套是自动索引，另一套是自定义索引（若未设置则不存在）。两套索引不能混用，即访问数据时只能使用一套索引。序列的访问同样使用方括号 [ ]。比如，输入代码 s2[1] 得到 8，输入 s2[[1, 2]] 得到一个值为 [8, 7] 的序列切片，输入 s2[['b', 'c']] 同样得到值为 [8, 7] 的序列切片。但不能输入 s2[['a', 2]]，解释器会报错。

　　序列与序列索引都能设置名称（name）属性，序列的类型可以转换，序列对象的索引和数据可以随时修改并即刻生效。不同序列可以根据索引进行对齐运算。具体操作代码如代码框 2 - 7 所示。

代码框 2－7　序列的基本操作

```
# 获取系列索引、数据、类型
import pandas as pd
s6 = pd.Series([5, 8, 7, 6], index=['a', 'b', 'c', 'd'])
print(' 类型：', s6.index)              # 获取系列索引
print(' 数据：', s6.values)             # 获取系列数据
print(' 类型：', s6.dtype)              # 获取系列类型
```

```
类型：Index(['a', 'b', 'c', 'd'], dtype='object')
数据：[5 8 7 6]
类型：int64
```

```
# 设置系列与索引的名称（name）属性
s6.name = ' 我是一个 pandas 的 Series'    # 设置系列名称
s6.index.name = ' 我是索引 '              # 设置系列索引名称
s6
```

```
我是索引
a  5
b  8
c  7
d  6
Name: 我是一个 pandas 的 Series, dtype: int64
```

```
# 转换系列类型
s6 = s6.astype(float)                  # 将整数型改为浮点数类型
s6
```

```
我是索引
a  5.0
b  8.0
c  7.0
d  6.0
Name: 我是一个 pandas 的 Series, dtype: float64
```

```
# 修改序列中的数据
s6[[1, 3]] = [2, 8]                    # 将序列 s6 中的第 2 个值和第 4 个值修改为 2 和 8
s6
```

```
我是索引
a  5.0
b  2.0
c  7.0
d  8.0
Name: 我是一个 pandas 的 Series, dtype: float64
```

```
# 序列的对齐运算
s7 = pd.Series([1, 2, 3], index=['a', 'c', 'e'], dtype=float)
s6 + s7
```

```
a    6.0
b    NaN
c    9.0
d    NaN
e    NaN
dtype: float64
```

注：序列的运算完全根据索引来对齐，如果两者都有自定义索引，优先使用自定义索引，如果只有一个有自定义索引，另一个是自动索引，还是会使用自定义索引，这种情况下的运算结果会出现大量空值（NaN）；如果两方都是自动索引，则根据自动索引进行对齐。

```
# 序列的一些简单计算
import pandas as pd
s8 = pd.Series([1, 2, 3, 4, 5], index=['a', 'b', 'c', 'd', 'e'], dtype=float)
c=s8.cumsum()                          # 序列 s8 的累加
s=s8.sum()                             # 序列 s8 求和
m=s8.mean()                            # 求序列 s8 的平均数
print(" 累加 :", '\n', c, '\n', " 总和 =", s, '\n', " 平均数 =", m)
```

```
累加 :
a     1.0
b     3.0
c     6.0
d    10.0
e    15.0
dtype: float64
总和 = 15.0
平均数 = 3.0
```

2. 数据框

数据框是 pandas 中的另一个重要数据结构，它是一种表格结构的数据，类似于 Excel 中的数据表，也是较为常见的数据形式。数据框实际上是带标签的二维数组，一个数据框由行索引（index）、列索引（columns）和二维数据（values）组成。数据框的每一列和每一行都是一个序列。为了便于分析，一般要求数据框一列只存储一种类型的数据。

（1）创建数据框。

使用 pandas 的构造函数 DataFrame 可创建数据框，其中的参数 data 为数组或字典。也可以直接读入数据框形式的 csv 格式或 Excel 数据作为 pandas 的框数据。假定有 5 名学生的 3 门课程的考试分数数据，见表 2-1。

表 2-1　5 名学生的 3 门课程的考试分数（table2_1）

姓名	统计学	数学	经济学
刘文涛	68	85	84
王宇翔	85	91	63
田思雨	74	74	61
徐丽娜	88	100	49
丁文彬	63	82	89

表 2-1 就是数据框形式的数据。要在 Python 中创建这样的数据框，可以向 Data-Frame 函数传入列表类型的字典，或者使用 numpy 的数组。代码和结果如代码框 2-8 所示。

代码框 2-8　使用字典创建数据框

```python
# 使用字典创建数据框（未输入行索引将自动生成，从 0 开始）
import pandas as pd
d={"姓名":["刘文涛","王宇翔","田思雨","徐丽娜","丁文彬"],  # 学生姓名列
"统计学": [68, 85, 74, 88, 63],                          # 写入统计学分数列
"数学": [85, 91, 74, 100, 82],                           # 写入数学分数列
"经济学": [84, 63, 61, 49, 89]}                          # 写入经济学分数列
table1_1 = pd.DataFrame(d)                               # 创建数据框并命名为 table1_1
table1_1
```

	姓名	统计学	数学	经济学
0	刘文涛	68	85	84
1	王宇翔	85	91	63
2	田思雨	74	74	61
3	徐丽娜	88	100	49
4	丁文彬	63	82	89

虽然可以使用 pandas 中的 DataFrame 函数创建数据框，但比较麻烦，不推荐这种做法。如果关注数据分析而非编程，建议在 Excel 中录入数据框形式的数据，然后在 Python 中读取该数据。

（2）数据框的操作方法。

将数据读入 Python 时会直接显示数据框，为方便后面的操作可以为其赋予一个名来表示该数据框。要显示读入的数据框，输入数据框的名称即可。如果数据框中的行数和列数都较多，可以只显示数据框的前几行或后几行。比如，使用 table1_1.head() 默认显示数据框 table1_1 的前 5 行，如果只想显示前 3 行，则可以写成 table1_1.head(3)。使

用 table1_1.tail() 默认显示数据框 table1_1 的后 5 行，如果想显示后 3 行，则可以写成 table1_1.tail(3)。使用 type 函数可以查看数据的类型；使用 table1_1.shape 可以查看数据框 table1_1 的行数和列数属性。当数据量比较大时，可以使用 info() 方法查看数据的结构。使用 describe() 方法可以对数据框的数值型变量进行简单的描述统计，读者可以自己运行并查看结果。

假定数据框的名称为 df，表 2-2 列出了数据框的操作方法及其描述。

表 2-2   数据框的操作方法及其描述

方法	描述	示例
columns	查看所有列名（列索引）	df.columns
dtypes	查看所有元素的类型	df.dtypes
head	查看前 n 行数据（默认前 5 行）	df.head(3)
index	查看所有行名（行索引）	df.index
info	查看数据结构（索引、数据类型等）	df.info
shape	查看行数和列数（行，列）	df.shape
T	数据框的行列转置	df.T
tail	查看后 n 行数据（默认后 5 行）	df.tail(3)
values	查看所有元素的值	df.values

在实际分析中，可能需要对数据框进行各种操作。比如，选择指定的列或行进行分析、增加列或行、删除列或行、修改列名称或行名称、修改数据等。代码框 2-9 列出了几种常用的数据框操作。

代码框 2-9   数据框的常用操作

```python
import pandas as pd
df = pd.read_csv("C:/pdata/example/chap02/table2_1.csv", encoding='gbk')
                                        # 加载数据框 table2_1 并命名为 df
# 选择指定的列
df[[' 数学 ']]                          # 选择数学 1 列
```

	数学
0	85
1	91
2	74
3	100
4	82

| df[[' 数学 ',' 统计学 ']] | #选择统计学和数学 2 列 |

	数学	统计学
0	85	68
1	91	85
2	74	74
3	100	88
4	82	63

```
# 选择指定的行
df.loc[2]                    # 选择第 3 行数据，或写成 df.iloc[2]
```

```
姓名      田思雨
统计学    74
数学      74
经济学    61
Name: 2, dtype: object
```

| df.loc[[2, 4]] | #选择第 2 行和第 4 行数据，或写成 df.iloc[[2,4]] |

	姓名	统计学	数学	经济学
2	田思雨	74	74	61
4	丁文彬	63	82	89

| df.loc[2:4] | #连续选择第 2 行到第 4 行数据，或写成 df.iloc[2:4] |

	姓名	统计学	数学	经济学
2	田思雨	74	74	61
3	徐丽娜	88	100	49
4	丁文彬	63	82	89

注：使用方括号"[]"或点"."符号指定要分析的变量。比如，要分析统计学分数，可写成 df[' 统计学 '] 或写成 df. 统计学。如果要对指定行或指定行与列进行分析，可以使用 loc[] 方法或 iloc[] 方法，其中 iloc[] 的方括号中只能写自动索引，若存在自定义索引，则 loc[] 的方括号中只能写自定义索引，行和列可以使用自定义索引与自动索引，注意自动索引从 0 开始。比如，要分析第 3 行的数据，可写成 df.loc[2] 或 df.iloc[2]；要分析第 2 行和第 4 行的统计学列，可写成 df.loc[[1, 3], ' 统计学 ']。需要注意的是，数据框的每一行和每一列都可以看作一个序列 Series，上面对于序列的基本操作在这里也适用。比如，需要将统计学列由数值型转换为字符串型，可写代码 df[' 统计学 '] = df[' 统计学 '].astype(str)。

```
# 增加列
df[' 会计学 ']=[88, 75, 92, 67, 78]
        # 在数据框的最后插入 1 列会计学分数，或写成 df.loc[:, ' 会计学 ']=[88, 75, 92, 67, 78]
df
```

	姓名	统计学	数学	经济学	会计学
0	刘文涛	68	85	84	88
1	王宇翔	85	91	63	75
2	田思雨	74	74	61	92
3	徐丽娜	88	100	49	67
4	丁文彬	63	82	89	78

```
df.insert(2, ' 会计学 ', [88, 75, 92, 67, 78])
        # 在第 2 列后面插入 1 列会计学分数，或写成 df.loc[:, ' 会计学 ']=[88, 75, 92, 67, 78]
df
```

	姓名	统计学	会计学	数学	经济学
0	刘文涛	68	88	85	84
1	王宇翔	85	75	91	63
2	田思雨	74	92	74	61
3	徐丽娜	88	67	100	49
4	丁文彬	63	78	82	89

```
# 删除数据
df.drop([' 数学 '], axis=1, inplace=True)
        # 删除指定的列，或写成 df.drop(labels=' 数学 ', axis=1, inplace=True)
df
```

	姓名	统计学	经济学
0	刘文涛	68	84
1	王宇翔	85	63
2	田思雨	74	61
3	徐丽娜	88	49
4	丁文彬	63	89

```
df.drop(index=2, inplace=True)        # 删除第 3 行数据
df
```

	姓名	统计学	经济学
0	刘文涛	68	84
1	王宇翔	85	63
3	徐丽娜	88	49
4	丁文彬	63	89

```
#修改列名称
df.rename(columns={'数学':'计算机','经济学':'管理学'})
                    #将"数学"名称修改为"计算机",将"经济学"名称修改为"管理学"
```

	姓名	统计学	计算机	管理学
0	刘文涛	68	85	84
1	王宇翔	85	91	63
2	田思雨	74	74	61
3	徐丽娜	88	100	49
4	丁文彬	63	82	89

```
#修改数据
df.iloc[2,1]=85        #修改第 3 行(索引 2)田思雨的统计学成绩为 85
df
```

	姓名	统计学	数学	经济学
0	刘文涛	68	85	84
1	王宇翔	85	91	63
2	田思雨	85	74	61
3	徐丽娜	88	100	49
4	丁文彬	63	82	89

```
df.loc[:,'统计学']=[73,90,79,88,68]  #修改所有学生的统计学成绩为 [73,90,79,88,68]
df
```

	姓名	统计学	数学	经济学
0	刘文涛	73	85	84
1	王宇翔	90	91	63
2	田思雨	79	74	61
3	徐丽娜	88	100	49
4	丁文彬	68	82	89

（3）数据框的排序与合并。

有时需要对数据进行排序。使用 sort_values() 方法可以对数据框的某一列排序，函数默认参数 ascending=True，即升序排列，需要降序时，可设置参数 ascending=False。还可以按照索引排序，使用 sort_index() 方法，参数 axis 默认为 0，按照行索引对行排序；设置 axis=1 即按照列索引对列排序，默认升序。排序应用示例如代码框 2-10 所示。

代码框 2-10   数据框排序

```
import pandas as pd
table2_1 = pd.read_csv("C:/pdata/example/chap02/table2_1.csv", encoding='gbk')    # 加载数据框

# 按姓名排序数据框
table2_1.sort_values(by=' 姓名 ', ascending=True)          # 按姓名升序对整个数据框排序
```

	姓名	统计学	数学	经济学
4	丁文彬	63	82	89
0	刘文涛	68	85	84
3	徐丽娜	88	100	49
1	王宇翔	85	91	63
2	田思雨	74	74	61

```
# 按考试分数排序数据框
table2_1.sort_values(by=' 统计学 ', ascending=False)          # 按统计学分数降序对整个数据框排序
```

	姓名	统计学	数学	经济学
3	徐丽娜	88	100	49
1	王宇翔	85	91	63
2	田思雨	74	74	61
0	刘文涛	68	85	84
4	丁文彬	63	82	89

如果需要合并不同的数据框，可使用 concat 函数。函数默认参数 axis 为 0（默认的参数设置可以省略不写），表示将不同的数据框按行合并；设置 axis=1 将不同的数据框按列合并。需要注意，按行合并时，数据框中的列索引必须相同；按列合并时，数据框中的行索引必须相同，否则合并是没有意义的。假定除上面的数据框 table2_1 外，还有一个数据框 table2_3，见表 2-3。

表 2-3　5 名学生的 3 门课程的考试分数（table2_3）

姓名	统计学	数学	经济学
李志国	78	84	51
王智强	90	78	59
宋丽媛	80	100	53
袁芳芳	58	51	79
张建国	63	70	91

表 2-3 是另外 5 名学生的相同课程的考试分数。如果将两个数据框按行合并，代码和结果如代码框 2-11 所示。

```
代码框 2-11　数据框合并

# 按行合并数据框
import pandas as pd
table2_1 = pd.read_csv("C:/pdata/example/chap02/table2_1.csv", encoding='gbk')
table2_3 = pd.read_csv("C:/pdata/example/chap02/table2_3.csv", encoding='gbk')

mytable = pd.concat([table2_1, table2_3]).reset_index(drop=True)
mytable
```

	姓名	统计学	数学	经济学
0	刘文涛	68	85	84
1	王宇翔	85	91	63
2	田思雨	74	74	61
3	徐丽娜	88	100	49
4	丁文彬	63	82	89
5	李志国	78	84	51
6	王智强	90	78	59
7	宋丽媛	80	100	53
8	袁芳芳	58	51	79
9	张建国	63	70	91

reset_index() 方法将行索引重置为从 0 开始的连续整数。读者可以自行尝试比较重置前后有什么不同。假定上面的 10 名学生还有两门课程的考试分数，可以将其按列合并到 mytable 中。

（4）数据框的应用函数。

对于数据框可以使用一些函数进行计算和分析，表 2-4 列出了数据框应用的一些主要函数。

表 2 - 4　数据框（df）应用的一些主要函数及其描述

函数	描述	示例
describe	输出数据框的主要描述统计量	df.describe()
count	返回每一列中非空值的个数	df.count()
sum	返回每一列的和（无法计算时返回空值）	df.sum()
max	返回每一列的最大值	df.max()
min	返回每一列的最小值	df.min()
argmax	返回最大值所在的自动索引位置	df.argmax()
argmin	返回最小值所在的自动索引位置	df.argmin()
idxmax	返回最大值所在的自定义索引位置	df.idxmax()
idxmin	返回最小值所在的自定义索引位置	df.idxmin()
mean	返回每一列的平均值	df.mean()
median	返回每一列的中位数	df.median()
var	返回每一列的方差	df.var()
std	返回每一列的标准差	df.std()

这些函数的引用参见以后各章，读者可以用 table2_1 代替示例中的 df，运行代码并查看输出结果。

2.3 数据抽样和筛选

数据抽样是从一个已知的总体数据集中抽取一个随机样本，数据筛选则是从一个已知的数据集中找出符合特定条件的数据。

2.3.1 抽取简单随机样本

从一个已知的总体数据集中抽取一个随机样本可以采取不同的抽样方法，本节只介绍抽取简单随机样本的方法。下面通过一个例子说明使用 sample 函数抽取简单随机样本的方法。

例 2 - 1 （数据：example2_1）表 2 - 5 是 50 名学生的姓名、性别、专业和考试分数数据。

表 2 - 5　50 名学生的姓名、性别、专业和考试分数数据（只列出前 5 行和后 5 行）

姓名	性别	专业	考试分数
张青松	男	会计学	82
王宇翔	男	金融学	81
田思雨	女	会计学	75

续表

姓名	性别	专业	考试分数
徐丽娜	女	管理学	86
张志杰	男	会计学	77
……	……	……	……
孙梦婷	女	管理学	86
唐国健	男	管理学	75
尹嘉韩	男	会计学	70
王雯迪	女	会计学	73
王思思	女	会计学	80

解 使用 random.sample 函数和 random.choices 函数可以从一个已知的数据集中抽取简单随机样本，代码和结果如代码框 2-12 所示。

代码框 2-12 抽取简单随机样本

```
import pandas as pd
import random
example2_1 = pd.read_csv("C:/pdata/example/chap02/example2_1.csv", encoding='gbk')

# 随机抽取 10 个学生组成一个样本
d1=example2_1[' 姓名 ']
n1 = random.sample(population=list(d1), k=10); n1        # 无放回抽取 10 个数据，k 为抽样次数
n2 = random.choices(population=d1, k=10); n2             # 有放回抽取 10 个数据

# 随机抽取 10 个考试分数组成一个样本
d2=example2_1[' 考试分数 ']
n3 = random.sample(population=list(d2), k=10); n1        # 无放回抽取 10 个数据，k 为抽样次数
n4 = random.choices(population=d2, k=10); n2             # 有放回抽取 10 个数据

# 打印结果
print('# 无放回抽取 10 个学生：', '\n', n1, '\n'          # 有放回抽取 10 个学生：', '\n', n2,
'\n''# 无放回抽取 10 个分数：', '\n', n3, '\n'             # 有放回抽取 10 个分数：', '\n', n4)
```

无放回抽取 10 个学生：
[' 黄向春 ',' 邱怡爽 ',' 林丽娜 ',' 崔志勇 ',' 李国胜 ',' 唐国健 ',' 孙梦婷 ',' 于文静 ',' 张建国 ',' 周永祥 ']
有放回抽取 10 个学生：
[' 邱怡爽 ',' 王宇翔 ',' 蒋亚迪 ',' 黄向春 ',' 徐海涛 ',' 王宇翔 ',' 张建国 ',' 张志杰 ',' 陈勇风 ',' 张青松 ']
无放回抽取 10 个分数：
[82, 80, 74, 84, 79, 83, 85, 98, 79, 78]
有放回抽取 10 个分数：
[51, 73, 86, 78, 76, 74, 77, 80, 77, 80]

由于是随机抽样，每次运行上述代码都会得到不同的结果。如果想每次运行得到相同的结果，抽样前需要设置随机数种子。

2.3.2 数据筛选

数据筛选（data filter）是根据需要找出符合特定条件的某类数据。比如，找出每股盈利在 2 元以上的上市公司；找出考试成绩在 90 分及以上的学生；等等。

用 Python 进行数据筛选的方法很多，比如，直接在数据框的 [] 中写筛选的条件或者组合条件进行筛选；使用 loc 或 iloc 按标签值（列名和行索引取值）或按数字索引访问数据框，从行和列两个维度筛选；使用 df.isin 函数筛选某些具体数值范围内的数据；使用 df. Query 函数查询数据框的列；使用 filter 函数筛选特定的行或列；等等。

下面以表 2-5 中的数据为例说明数据筛选的方法，代码和结果如代码框 2-13 所示。

代码框 2-13　数据筛选

```
import pandas as pd
df = pd.read_csv("C:/pdata/example/chap02/example2_1.csv", encoding='gbk')

# 筛选出考试分数小于 60 的所有学生
df[df[' 考试分数 ']<60]
```

	姓名	性别	专业	考试分数
11	马凤良	男	金融学	55
14	孙学伟	男	会计学	51
33	张天洋	男	会计学	56

```
# 筛选出考试分数大于等于 90 的所有学生
df[df[' 考试分数 ']>=90]
```

	姓名	性别	专业	考试分数
5	赵颖颖	女	金融学	97
7	宋丽媛	女	会计学	92
20	刘晓军	男	管理学	91
21	李国胜	男	金融学	90
29	李爱华	女	会计学	98

```
# 筛选出会计学专业的所有学生
df[df[' 专业 ']==' 会计学 '].head()        # 只显示前 5 行数据
```

	姓名	性别	专业	考试分数
0	张青松	男	会计学	82
2	田思雨	女	会计学	75
4	张志杰	男	会计学	77
7	宋丽媛	女	会计学	92
9	张建国	男	会计学	85

```
# 筛选出会计学专业考试分数大于等于 80 的女生，并按分数多少降序排列
df[(df[' 考试分数 ']>=80) & (df[' 性别 '] ==' 女 ') & (df[' 专业 '] ==' 会计学 ')].sort_values(by=' 考试分数 ', ascending=False)
```

	姓名	性别	专业	考试分数
29	李爱华	女	会计学	98
7	宋丽媛	女	会计学	92
34	李冬茗	女	会计学	88
35	王晓倩	女	会计学	86
49	王思思	女	会计学	80

```
# 筛选出考试分数大于等于 80 的金融学专业男生，并按分数多少降序排列
df[(df[' 考试分数 ']>=80) & (df[' 性别 '] ==' 男 ') & (df[' 专业 '] ==' 金融学 ')].sort_values(by=' 考试分数 ', ascending=False)
```

	姓名	性别	专业	考试分数
21	李国胜	男	金融学	90
19	周永祥	男	金融学	82
40	马家强	男	金融学	82
1	王宇翔	男	金融学	81

```
# 筛选出考试分数为 70、80 和 90 的 3 个学生
df.loc[df[' 考试分数 '].isin([70, 80, 90]), :].sample(3)
```

	姓名	性别	专业	考试分数
21	李国胜	男	金融学	90
47	尹嘉韩	男	会计学	70
10	李佳佳	女	金融学	80

2.3.3　生成随机数

有时需要生成某种分布的随机数用于模拟分析。用 Python 产生随机数需要借助其他模块。内置模块 random 的函数一次只能生成一个随机数，第三方模块 numpy 中的 random 子模块可以同时生成多个随机数，还能组成不同形状的随机数数组。由于是随机生成，每次运行会得到不同的随机数。要想每次运行都产生相同的一组随机数，可在生成随机数之前使用函数 seed() 设定随机数种子，在括号内可输入任意数字，如 numpy.random.seed(12)。使用相同的随机数种子，每次运行都会产生一组相同的随机数。代码框 2 − 14 所示为产生几种不同随机数的代码。

代码框 2 − 14　生成随机数

```
# 生成不同分布的随机数（每种分布产生 5 个）
import numpy.random as npr


npr.seed(15)                              # 设定随机数种子
r1=npr.standard_normal(size=5)           # 标准正态分布
r2=npr.normal(loc=50, scale=5, size=5)   # 均值 (loc) 为 50、标准差 (scale) 为 5 的正态分布
r3=npr.uniform(low=0, high=10, size=5)   # 0 ～ 10 之间的均匀分布


print('# 标准正态分布 :', '\n', r1, '\n'    # 值为 50、标准差为 5 的正态分布 :', '\n', r2,
    '\n''# 0 ～ 10 之间的均匀分布 :', '\n', r3) # 打印结果
```

```
# 标准正态分布 :
 [-0.31232848  0.33928471 -0.15590853 -0.50178967  0.23556889]
# 值为 50、标准差为 5 的正态分布 :
 [41.18197372 44.52068978 44.56117129 48.47414974 47.63125814]
# 0 ～ 10 之间的均匀分布 :
 [9.17629898 2.64146853 7.17773687 8.65715034 8.07079482]
```

2.4　生成频数分布表

频数分布表（frequency distribution table）是展示数据的一种基本形式，它是对类别数据（因子的水平）计数或数值数据类别化（分组）后计数生成的表格，用于展示数据的**频数分布**（frequency distribution），其中，落在某一特定类别的数据个数称为**频数**（frequency）。

用频数分布表可以观察不同类型数据的分布特征。比如，通过分析不同品牌产品销售量的分布可以了解其市场占有率；通过分析一所大学不同学院学生人数的分布可以了解该大学的学生构成；通过分析社会中不同收入阶层的人数分布可以了解收入的分布状况；等等。

2.4.1 类别数据的频数表

由于类别数据本身就是一种分类，只要将所有类别都列出来，然后计算出每一类别的频数，就可生成一张频数分布表。根据观测变量的多少，可以生成简单频数表、二维列联表和多维列联表等。

1.简单频数表

只涉及一个类别变量时，这个变量的各类别（取值）可以放在频数分布表中"行"的位置，也可以放在"列"的位置，将该变量的各类别及其相应的频数列出来就是一个简单的频数表，也称为**一维列联表**（one-dimensional contingency table），或简称一维表。下面通过一个例子说明简单频数分布表的生成过程。

例 2-2 （数据：example2_1）沿用例 2-1，分别生成学生性别和专业的简单频数表。

解 性别和专业是两个分类变量。对每个变量可以生成一个简单频数分布表，分别观察 50 名学生的性别和专业的分布状况。使用 Python 自带的 value_counts 函数可以生成一维表，代码和结果如代码框 2-15 所示。

代码框 2-15　生成单变量频数分布表

```
# 生成性别的简单频数表（使用 value.counts() 函数）
import pandas as pd
example2_1 = pd.read_csv("C:/pdata/example/chap02/example2_1.csv", encoding='gbk')
tab11=example2_1[' 性别 '].value_counts()        # 生成频数表（类型是序列）
tab11
```

```
男   28
女   22
Name: 性别 , dtype: int64
```

```
# 生成专业的简单频数表
tab12=example2_1[' 专业 '].value_counts()        # 生成频数表（类型是序列）
tab12
```

```
会计学   19
金融学   16
管理学   15
Name: 专业 , dtype: int64
```

```
# 将频数表转化成百分比表
tab13=example2_1[' 专业 '].value_counts(normalize=True)*100
tab13
```

```
会计学 38.0
金融学 32.0
管理学 30.0
Name: 专业 , dtype: float64
```

2. 二维列联表

当涉及两个类别变量时，可以将一个变量的各类别放在"行"的位置，另一个变量的各类别放在"列"的位置（行和列可以互换），由两个类别变量交叉分类形成的频数分布表称为**二维列联表**（two-dimensional contingency table），简称二维表或**交叉表**（cross table）。例如，根据例 2 - 1 的性别和专业这两个变量，可以将性别放在行的位置、将专业放在列的位置生成二维列联表。

使用 pandas 中的 crosstab 函数和 pivot_table 函数均可以生成二维表。在 crosstab 函数中，设置参数 margins=True 可为二维表添加边际和；设置参数 margins_name 可以修改边际和的名称；设置参数 normalize='index' 可以计算各行数据占该行合计的比例；设置参数 normalize='columns' 可以计算各列数据占该列合计的比例；设置参数 normalize='all' 可以计算每个数据占总和的比例。以性别和专业为例，由 crosstab 函数生成二维表的代码如代码框 2 - 16 所示。

代码框 2 - 16　生成两个变量的二维列联表

```
# 使用 pd 中的 crosstab 函数生成二维表
import pandas as pd
df = pd.read_csv("C:/pdata/example/chap02/example2_1.csv", encoding='gbk')
tab21=pd.crosstab(df. 性别 , df. 专业 )
tab21
```

专业 性别	会计学	管理学	金融学
女	9	4	9
男	10	11	7

```
# 为二维表添加边际和并修改边际和名称
tab22=pd.crosstab(df. 性别 , df. 专业 , margins=True, margins_name=' 合计 ')
tab22
```

专业 性别	会计学	管理学	金融学	合计
女	9	4	9	22
男	10	11	7	28
合计	19	15	16	50

```
# 将二维表转化成百分比表
tab23=pd.crosstab(df. 性别 , df. 专业 , margins=True,
                margins_name=' 合计 ', normalize='index')
round(tab23*100, 2)          # 转换成百分比表，结果保留 2 位小数
```

专业 性别	会计学	管理学	金融学
女	40.91	18.18	40.91
男	35.71	39.29	25.00
合计	38.00	30.00	32.00

```
# 计算各列所占的比例，并转换成百分比表
Tab24=pd.crosstab(df. 性别 , df. 专业 , margins=True, margins_name=' 合计 ', normalize='columns')
round(tab24*100, 2)
```

专业 性别	会计学	管理学	金融学	合计
女	47.37	26.67	56.25	44.0
男	52.63	73.33	43.75	56.0

```
# 计算各数据占总和的比例，并转换成百分比表
Tab25=pd.crosstab(df. 性别 , df. 专业 , margins=True, margins_name=' 合计 ', normalize='all')
Tab25*100
```

专业 性别	会计学	管理学	金融学	合计
女	18.0	8.0	18.0	44.0
男	20.0	22.0	14.0	56.0
合计	38.0	30.0	32.0	100.0

对于频数分布表可以使用**比例**（proportion）、**百分比**（percentage）、**比率**（ratio）等统计量进行描述。如果是有序类别数据，还可以通过计算**累积频数**（cumulative frequency）和**累积百分比**（cumulative percent）进行分析。

比例也称构成比，它是一个样本（或总体）中各类别的频数与全部频数之比，通常用于反映样本（或总体）的构成或结构。将比例乘以 100 得到的数值称为百分比，用 % 表示。比率是样本（或总体）中各不同类别频数之间的比值，反映各类别之间的比较关系。由于比率不是部分与整体之间的对比关系，因而比值可能大于 1。累积频数是将各有序类别的频数逐级累加的结果（注意：对于无序类别的频数，计算累积频数没有意义），累积百分比则是将各有序类别的百分比逐级累加的结果。读者可以结合代码框 2 - 16 中的 tab23、tab24 和 tab25 进行分析。

2.4.2　数值数据的类别化

在生成数值数据的频数分布表时，需要先将数据划分成不同的数值区间，这样的区间就是类别数据，然后再生成频数分布表，这一过程称为**类别化**（categorization）。类别化的方法是将原始数据分成不同的组别。

数据分组是将数值数据转化成类别数据的方法之一，它是先将数据按照一定的间距划分成若干个区间，然后统计出每个区间的频数，生成频数分布表。通过分组可以将数值数据转化成具有特定意义的类别，比如，根据空气质量指数（Air Quality Index，AQI）数据将空气质量分为 6 级：优（0 ~ 50）、良（51 ~ 100）、轻度污染（101 ~ 150）、中度污染（151 ~ 200）、重度污染（201 ~ 300）、严重污染（300 以上）；按收入的多少将家庭划分成低收入家庭、中等收入家庭、高收入家庭；等等。

下面结合具体例子说明数值数据频数分布表的生成过程。

例 2 - 3（数据：example2_3）某电商平台 2022 年前 4 个月的销售额见表 2 - 6。对销售额做适当分组，分析销售额的分布特征。

表 2 - 6　某电商平台 2022 年前 4 个月的销售额　　　　（单位：万元）

282	207	235	193	210	227	220	215	201	196
191	246	182	205	232	263	215	227	234	248
235	208	262	206	211	216	222	247	214	226
209	206	197	249	234	258	228	227	234	244
198	209	226	206	212	191	227	228	198	209
250	210	253	208	203	217	224	213	235	245
201	182	256	218	213	182	216	229	232	230
214	244	217	209	271	217	225	217	219	248
202	171	253	262	213	226	275	232	236	206
222	264	177	210	228	215	225	228	238	243
204	181	213	248	245	219	243	236	239	216
251	213	234	210	218	220	226	233	240	253

解　首先，确定要分的组数。确定组数的方法有几种。设组数为 K，根据 Sturges 给出的组数确定方法，$K = 1 + \log_{10}(n) / \log_{10}(2)$。表 2 - 6 共有 120 个数据，$K = 1 + \log_{10}(120) / \log_{10}(2) = 8$，因此，可以将数据大概分成 8 组。当然，这只是个大概数，实际分组时可根据需要适当调整，比如将组距（组的宽度）确定为 10，分成 12 组，等等。

其次，确定各组的组距。组距可根据全部数据的最大值和最小值及所分的组数来确定，即组距＝（最大值－最小值）÷ 组数。对于表 2 - 6 所列数据，最小值为 min(example1_2['销售额'])=171，最大值为 max(example1_2['销售额'])=282，则组距 =(282－171)/8 ≈ 14，因此组距可取 14。为便于理解，可取组距 =15（使用者根据分析的需要确定一个大概数即可）。

最后，统计出各组的频数即得频数分布表。在统计各组频数时，恰好等于某一组上限的变量值一般不算在本组内，而算在下一组，即一个组的数值 x 满足 $a \leqslant x < b$。

使用 pandas 中的 cut 函数可实现数据分组并生成频数分布表，代码和结果如代码框 2 - 17 所示。

代码框 2 - 17　数据分组与生成频数分布表

```python
import pandas as pd
df = pd.read_csv("C:/pdata/example/chap02/example2_3.csv", encoding='gbk')

# 组距 =10 的分组
f=pd.cut(df['销售额'],
         bins=[170, 180, 190, 200, 210, 220, 230, 240, 250, 260, 270, 280, 290],
         right=False)                    # 分组不含上限值
tf=f.value_counts()                      # 生成频数表
tab=tf.sort_index()                      # 按索引排序（函数默认按数据即频数排序）

# 修改 tab 的输出格式
df = pd.DataFrame(data=tab)              # 构建数据框 df
df.index.name = '销售额分组'             # 设置索引名称
df.rename(columns={'销售额':'频数'})    # 变量重命名
```

销售额分组	频数
[170, 180)	2
[180, 190)	4
[190, 200)	7
[200, 210)	17
[210, 220)	27
[220, 230)	20
[230, 240)	16
[240, 250)	13
[250, 260)	7
[260, 270)	4
[270, 280)	2
[280, 290)	1

注：tab 的输出格式为 pandas 序列。

```
# 组距 =15 的分组
f=pd.cut(df[' 销售额 '],
         bins=[170, 185, 200, 215, 230, 245, 260, 275, 290],
         right=False)                        # 分组不含上限值
tf=f.value_counts()                          # 生成频数表
tab=tf.sort_index()                          # 按索引排序（函数默认按数据即频数排序）

# 修改 tab 的输出格式
df = pd.DataFrame(data=tab)                   # 构建数据框 df
df.index.name = ' 销售额分组 '                 # 设置索引名称
df=df.rename(columns={' 销售额 ':' 频数 '})      # 变量重命名

df.loc[:,' 频数百分比 (%)']=df[' 频数 ']/sum(df[' 频数 '])*100   # 插入频数百分比
df.loc[:,' 累积频数 ']=df[' 频数 '].cumsum()                  # 插入累积频数
df.loc[:,' 累积频数百分比 (%)']=(df[' 频数 '].cumsum()/df[' 频数 '].sum())*100   # 插入累积频数百分比
df
```

销售额分组	频数	频数百分比（%）	累积频数	累积频数百分比（%）
[170, 185)	6	5.000 000	6	5.000 000
[185, 200)	7	5.833 333	13	10.833 333
[200, 215)	30	25.000 000	43	35.833 333
[215, 230)	34	28.333 333	77	64.166 667
[230, 245)	21	17.500 000	98	81.666 667
[245, 260)	15	12.500 000	113	94.166 667
[260, 275)	5	4.166 667	118	98.333 333
[275, 290)	2	1.666 667	120	100.000 000

注：读者可以运行代码 pd.cut(df[' 销售额 '], bins=12, right=True).value_counts().sort_index() 查看不同的分组结果。

代码框 2 - 17 中的结果显示，分成组距为 10 的组时，销售额主要集中在 210 万元～ 220 万元，共有 27 天。分成组距为 15 的组时，销售额主要集中在 215 万元～ 230 万元，共有 34 天，占总天数的 28.33%。

数据分组后掩盖了各组内的数据分布状况，为了用一个值代表每个组的数据，通常需要计算出每个组的**组中值**（class midpoint），它是每个组的下限和上限之间的中点值，即组中值 =（下限值 + 上限值）÷2。使用组中值代表一组数据时有一个必要的假定条件，即各组数据在本组内呈均匀分布或在组中值两侧对称分布。如果实际数据的分布不符合

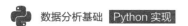

这一假定，那么用组中值作为一组数据的代表值会有一定的误差。

思维导图

下面的思维导图展示了本章的内容框架。

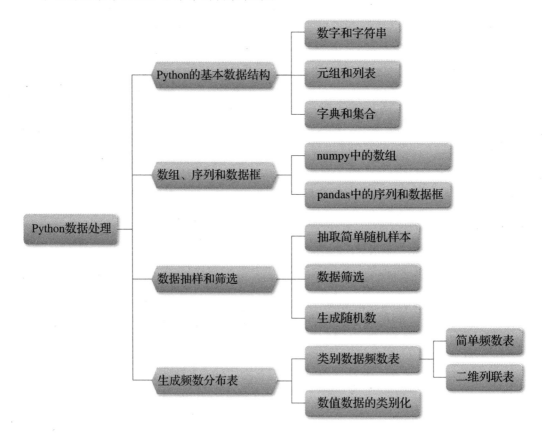

思考与练习

一、思考题

1. Python 的数据类型有哪些？

2. 简述数据抽样和数据升序的目的。

3. 简述生成频数分布表的方法。

二、练习题

1. 下表所列为随机抽取的 10 名学生的 5 门课程的考试分数。

姓名	统计学	数学	营销学	管理学	会计学
赵宇翔	85	91	63	76	66
程建功	68	85	84	89	86

续表

姓名	统计学	数学	营销学	管理学	会计学
田思雨	74	74	61	80	69
徐丽娜	88	100	49	71	66
张志杰	63	82	89	78	80
房文英	78	84	51	60	60
王智强	90	78	59	72	66
宋丽媛	80	100	53	73	70
洪天利	58	51	79	91	85
高见岭	63	70	91	85	82

（1）按学生姓名排序数据框。

（2）筛选出统计学分数小于 60 的学生和数学分数大于等于 90 的学生。

2. 为评价旅游业的服务质量，随机抽取 60 名顾客进行调查，得到的满意度回答见下表。

性别	满意度	性别	满意度	性别	满意度
女	不满意	女	一般	女	比较满意
男	非常满意	男	不满意	男	比较满意
男	非常满意	女	非常满意	男	比较满意
女	比较满意	男	比较满意	男	一般
男	比较满意	女	非常不满意	女	不满意
女	一般	男	非常不满意	男	不满意
男	一般	男	一般	女	一般
女	不满意	男	非常不满意	男	比较满意
女	非常不满意	女	非常不满意	女	非常满意
女	非常满意	女	比较满意	男	比较满意
男	一般	男	不满意	女	非常不满意
男	比较满意	女	比较满意	女	不满意
女	一般	女	非常不满意	女	一般
女	一般	男	比较满意	男	不满意
女	非常不满意	男	一般	女	比较满意
女	不满意	男	非常满意	女	一般
男	非常不满意	男	非常不满意	女	比较满意

续表

性别	满意度	性别	满意度	性别	满意度
女	不满意	女	一般	女	不满意
男	比较满意	女	比较满意	男	不满意
女	非常满意	男	非常满意	女	非常满意

（1）分别生成被调查者性别和满意度的简单频数分布表。

（2）生成被调查者性别和满意度的二维列联表。

（3）对二维列联表做简单分析。

3. 为确定灯泡的使用寿命，在一批灯泡中随机抽取 100 只进行测试，得到的使用寿命数据如下（单位：小时）：

7 000	7 160	7 280	7 190	6 850	7 090	6 910	6 840	7 050	7 180
7 060	7 150	7 120	7 220	6 910	7 080	6 900	6 920	7 070	7 010
7 080	7 290	6 940	6 810	6 950	6 850	7 060	6 610	7 350	6 650
6 680	7 100	6 930	6 970	6 740	6 580	6 980	6 660	6 960	6 980
7 060	6 920	6 910	7 470	6 990	6 820	6 980	7 000	7 100	7 220
6 940	6 900	7 360	6 890	6 960	6 510	6 730	7 490	7 080	7 270
6 880	6 890	6 830	6 850	7 020	7 410	6 980	7 130	6 760	7 020
7 010	6 710	7 180	7 070	6 830	7 170	7 330	7 120	6 830	6 920
6 930	6 970	6 640	6 810	7 210	7 200	6 770	6 790	6 950	6 910
7 130	6 990	7 250	7 260	7 040	7 290	7 030	6 960	7 170	6 880

选择适当的组距进行分组，制作频数分布表，分析数据分布的特征。

4. 下表是我国 31 个地区的名称和编号，随机抽取 5 个地区组成的一个样本。

编号	地区	编号	地区
1	北京市	10	江苏省
2	天津市	11	浙江省
3	河北省	12	安徽省
4	山西省	13	福建省
5	内蒙古自治区	14	江西省
6	辽宁省	15	山东省
7	吉林省	16	河南省
8	黑龙江省	17	湖北省
9	上海市	18	湖南省

续表

编号	地区	编号	地区
19	广东省	26	西藏自治区
20	广西壮族自治区	27	陕西省
21	海南省	28	甘肃省
22	重庆市	29	青海省
23	四川省	30	宁夏回族自治区
24	贵州省	31	新疆维吾尔自治区
25	云南省		

5. 使用 Python 产生以下随机数：

（1）均值为 0、标准差为 1 的 20 个标准正态分布的随机数。

（2）均值为 100、标准差为 20 的 30 个正态分布的随机数。

（3）1～1 000 之间的 50 个均匀分布的随机数。

6. 下表是按收入五等分划分的某地区城镇居民平均每人纯收入数据（单位：元）。

收入户等级	2016 年	2018 年	2019 年	2020 年	2021 年
低收入户	3 750	4 647	6 545	8 004	10 422
中等偏下户	7 338	9 330	12 674	17 024	21 636
中等收入户	10 508	13 506	18 277	24 832	31 685
中等偏上户	14 823	19 404	26 044	35 576	45 639
高收入户	28 225	36 957	49 175	67 132	85 541

在 Python 中录入上表数据，并保存成名为 pydata 的 csv 格式文件。

第3章

数据可视化分析

▶ 掌握 Python 语言绘图的基本知识。

▶ 掌握各可视化图形的应用场合。

▶ 使用 Python 绘制各种图形。

▶ 利用图形分析数据并能对结果进行合理解释。

课程思政目标

▶ 数据可视化是利用图形展示数据的有效方法。在可视化分析中，要能够结合各
类统计图表展示我国宏观经济数据，展示科学研究成果和人民生活的变化，展
示中国特色社会主义建设的成就。

▶ 利用数据分布、变量间关系和样本相似性的图形，反映我国社会经济发展的公
平性特征，反映社会和经济变量之间的协调性特征，反映我国各地经济和社会
发展均衡性特征。

▶ 图形的使用要科学合理，避免歪曲数据。

　　在对数据做描述性分析时，通常会用到各种图形来展示数据。一张好的统计图表往
往胜过冗长的文字表述。比如，对企业所有员工的收入画出直方图观察其分布状况，画
出各年度 GDP（国内生产总值）的时间序列图来观察变化趋势，等等。将数据用图形展
示出来就是**数据可视化**（data visualization）。数据可视化是数据分析的基础，也是数据分
析的重要组成部分。可视化本身既是对数据的展示过程，也是对数据信息的再提取过程，
它不仅可以帮助我们理解数据、探索数据的特征和模式，还可以提供数据本身难以发现
的额外信息。本章首先介绍 Python 语言绘制的基本知识，然后以数据类型和分析目的为
基础，介绍数据分析中一些基本的图形。

3.1　Python 绘图基础

3.1.1　Python 的主要绘图模块

Python 具有强大的可视化功能，可绘制式样繁多的图形。其中，最典型的可视化工具主要有两个：matplotlib 和 seaborn。此外，作为数据分析模块的 pandas 也提供了针对 DataFrame 对象的绘图函数，gglot 模块提供了类似于 R 中 ggplot2 的绘图方法。

1. matplotlib 模块

matplotlib 是 Python 的 2D 绘图库，它是 Python 中的基础绘图模块，包含了大量的绘图工具，可以绘制灵活多样的图形，其中，pyplot 子模块的操作理念类似于 Matlab，上手简单。matplotlib 可以对图形进行精确的设置，也可以与其他绘图模块结合使用。由于 matplotlib 属于比较底层的绘图工具，要绘制漂亮或专业的图形，显得有些烦琐，需要编写大量的代码，因此，实际中通常是将其与其他绘图模块结合使用。在官方网站（https://matplotlib.org/tutorials/index.html）可以查看 matplotlib 的使用方法。

2. seaborn 模块

seaborn 可视为 matplotlib 的扩展模块，也可视为对 matplotlib 绘图的补充。它是在 matplotlib 的基础上进行了高级 API（Application Programming Interface，应用程序编程接口）封装，使用较少的代码就可以绘制出漂亮的图形，可用于绘制分面图、交互图、3D 图等。seaborn 主要用于绘制较专业的统计分析图形，基本上能满足大部分统计绘图的需求，尤其适合绘制按因子分组的图形以及概率分布图等。

3. Pandas 中的绘图函数

pandas 的数据结构主要是数据框，由于数据框中有行标签和列标签，使用 pandas 提供的针对 DataFrame 对象的绘图函数，绘图所需的代码要比 matplotlib 少，容易实现，而且 pandas 中也提供了数据框绘图的高级方法，可以实现快速绘图。与 matplotlib 的精细化设置结合起来，同样可以快速完成更有吸引力的图形。

4. ggplot 和 plotnine 绘图系统

ggplot 和 plotnine 是用于绘图的 Python 扩展模块，这两个模块基本上移植了 R 中 ggplot2 的绘图语法。对使用过 R 的 ggplot2 的读者来说，使用这两个模块绘图十分容易，输出的图形风格也与 R 的 ggplot2 十分类似。

3.1.2　基本绘图函数

本书图形的绘制使用了不同的绘图模块和函数，下面主要介绍 matplotlib 模块的一些基本功能。

matplotlib 可以以各种硬拷贝格式和跨平台的交互式环境生成出版级别的图形。使用 matplotlib 仅需要很少的代码就可以生成图形，如直方图、条形图、散点图等。

使用 matplotlib 绘图首先要明确两个对象，即**画布**（figure）和**画像**（axes）。画布即绘图的区域，画像即绘制的一幅图，如折线图、条形图、散点图等。所有绘图操作的第一步都是创建画布，让 Python 明确你要开始进行绘图操作。一个画布上可以放置多个画像。如图 3 - 1 所示为 matplotlib 库官方文档，展示了一幅图包括的组件。

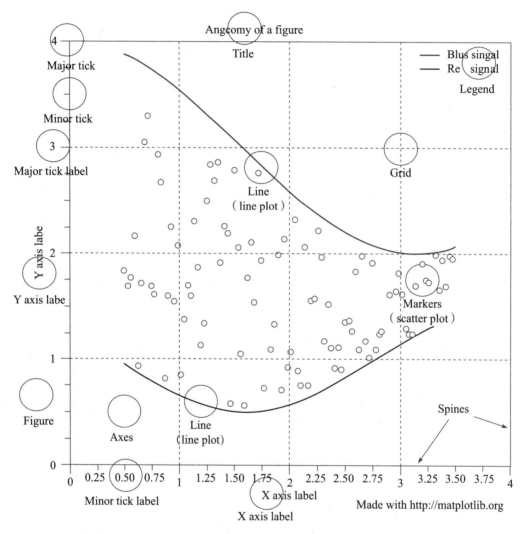

图 3 - 1　matplotlib 绘图的组件

matplotlib 使用不同的函数控制图像的各个组件，如 legend 函数控制图例的名称、大小、颜色及位置等属性，title 函数控制标题，xlabel 函数控制 x 轴（横坐标）标题，ylabel 函数控制 y 轴（纵坐标）标题，xticks 以及 yticks 函数分别控制 x 轴和 y 轴刻度等。可根据需要选择不同的函数绘制图像，如 plot 函数绘制折线图，hist 函数绘制直方图，barh 函数绘制水平条形图，scatter 函数绘制散点图等。

下面通过一个例子简要说明使用 matplotlib 绘图的基本操作方法，如代码框 3 - 1 所示。

代码框 3-1 matplotlib 绘图的基本操作

```
# 图 3-2 的绘制代码
# 导入相关模块
import numpy as np
import matplotlib.pyplot as plt
plt.rcParams['font.sans-serif'] = 'SimHei'                    # 显示中文
plt.rcParams['axes.unicode_minus']=False                      # 显示负号

# 生成绘图数据
np.random.seed(2025)                                          # 设置随机数种子
x = np.random.standard_normal(200)                            # 产生 200 个标准正态分布的随机数
y = 1 + 2 * x + np.random.normal(0, 1, 200)                   # 产生变量 y 的随机数

# 绘制图像内容
plt.figure(figsize=(8, 6))                                    # 设置图形大小（长度和高度）
plt.scatter(x, y, marker='o', color='white', edgecolors='blue')   # 绘制散点图，设置 c='' 可绘制空心

fit = np.poly1d(np.polyfit(x, y, deg=1))                      # 使用一项式拟合
y_hat = fit(x)                                                # 得到拟合 y 值
plt.plot(x, y_hat, c='r')                                     # 绘制拟合直线，红色

plt.plot(x.mean(), y.mean(), 'ro', markersize=20, fillstyle='bottom')  # 添加均值点并设置点的大小、颜
                                                                       色和填充类型
plt.axhline(y.mean(), color='black', ls='-.', lw=1)           # 添加均值水平线
plt.axvline(x.mean(), color='black', ls=(0, (5, 10)), lw=1)   # 添加均值垂直线

# 绘制其他组件
plt.grid(linestyle=':')                                       # 增加网格线

ax = plt.gca()                                                # 得到当前操作图像
ax.spines['right'].set_color('green')                         # 设置边框颜色
ax.spines['left'].set_color('#4169E1')
ax.spines['top'].set_color('royalblue')
ax.spines['bottom'].set_color('b')

plt.text(x=0.4, y=-2, s=r'$\hat{y}=\hat{\beta}_0+\hat{\beta}_1x$',
    fontdict={'size':12, 'bbox':{'fc': 'pink', 'boxstyle': 'round'}}, ha='left')  # 添加文本注释

plt.annotate(text=r' 均值点 ', xy=(x.mean(), y.mean()), xytext=(-0.6, 3),
    arrowprops = {'headwidth': 10, 'headlength': 12, 'width': 2, 'facecolor': 'r', 'shrink': 0.1,},
```

```
        fontsize=14, color='red', ha='right')          # 添加带箭头的文本注释

plt.title(' 散点图及拟合直线 \n 并为图形增加新的元素 ', fontsize=14)          # 添加标题，\n 表示断行
plt.xlabel('x = 自变量 ', fontsize=12)              # 增加 x 轴标题
plt.ylabel('y = 因变量 ', fontsize=12)              # 增加 y 轴标题
plt.legend([' 拟合直线 '], loc='best',fontsize=10) # 添加图例

plt.show()                                          # 显示图像
```

注：
\# 直接使用 plt. 函数绘图，会自动创建画布与画像对象。
\# 绘制散点图时，edgecolors 控制标记边框的颜色，c 控制标记填充的颜色，c='' 表示空心。
\# plt 支持 Latex，文本内容可以是数学公式，在 $$ 内写即可。
\# 使用 help(plt. 函数名) 查看更多可以设置的参数。

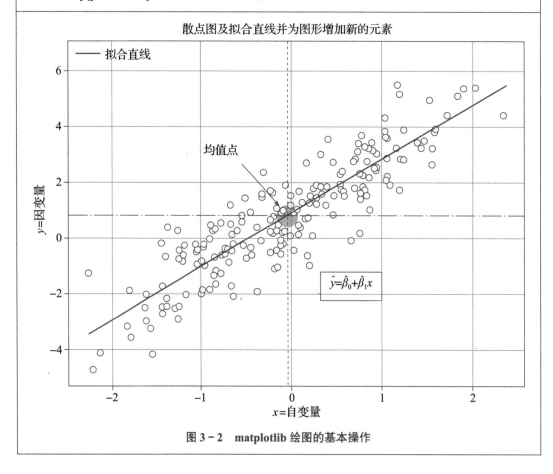

图 3 - 2　matplotlib 绘图的基本操作

　　如图 3 - 2 所示为用 matplotlib 的 pyplot 子模块中的 scatter 函数绘制的 x 和 y 散点图，并使用多个控制函数为散点图添加各种组件，以增强图形的可读性。这里只是演示在现有图形上添加新元素的方法，在实际应用时，可根据需要选择要添加的元素。

3.1.3　图形布局

一个绘图函数通常生成一幅独立的图形。有时需要在一个绘图区域（图形页面）内同时绘制多幅不同的图，此时可以使用 matplotlib 在一个画布上进行不同的布局，比如，可以用子图函数 subplots 等分画布，还可以用 add_gridspec 函数、GridSpec 函数、subplot2grid 函数、add_gridspec 函数等自定义分割画布，生成不同页面分割方法和图形组合方法。代码框 3 - 2 展示了不同函数布局的代码和结果。

代码框 3 - 2　subplots 函数的等分布局

```python
# 使用 subplots 函数等分布局（图 3-3）
import matplotlib.pyplot as plt
import numpy as np

np.random.seed(1010)
plt.subplots(nrows=2, ncols=2, figsize=(10, 7))   # 生成 2×2 网格，整幅图形的宽度为 10，高度为 7
plt.subplot(221)                                   # 在 2×2 网格的第 1 个位置绘图
plt.scatter(x=range(100), y=np.random.randint(low=0, high=100, size=100),
        marker='+', c='red')                       # 绘制散点图
plt.subplot(222)                                   # 在 2×2 网格的第 2 个位置绘图
plt.hist(np.random.normal(loc=5, scale=10, size=100),
        bins=10, color='lightgreen')               # 绘制直方图
plt.subplot(223)                                   # 在 2×2 网格的第 3 个位置绘图
plt.plot(range(20), np.random.normal(5, 10, 20), marker='o',
        linestyle='-.', linewidth=2, markersize=8) # 绘制折线图
plt.subplot(224)                                   # 在 2×2 网格的第 4 个位置绘图
plt.bar(x=range(5), height=range(5, 0, -1), color=['cyan', 'pink'])  # 绘制条形图
plt.show()
```

注：在 matplotlib 模块的 pyplot 子模块中，使用函数 subplots 可以对画布等分布局。参数 nrows 和 ncols 可以将一个画布等分成 nr×nc 阵，然后依照从左至右、从上至下的顺序在每个分割区域填充一幅图像，figsize 参数控制整个画布的大小。

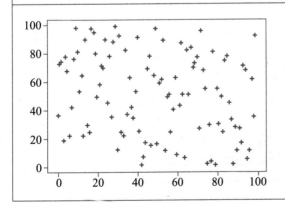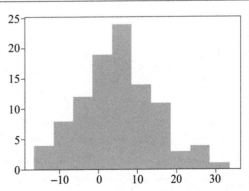

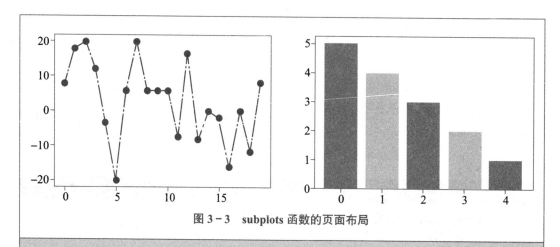

图 3 - 3 subplots 函数的页面布局

```
# 使用 subplot2grid 函数自定义布局 (图 3-4 )
fig = plt.figure(figsize=(6, 4))                    # 创建新图形，并设置图形大小
ax1=plt.subplot2grid((3, 3), (0, 0), rowspan=2, colspan=2)   # 第 1 行第 1 幅图（左上）占据 2 行 2 列
ax2=plt.subplot2grid((3, 3), (0, 2), rowspan=3, colspan=1)   # 第 1 行第 2 幅图（右）占据 3 行 1 列
ax3=plt.subplot2grid((3, 3), (2, 0), rowspan=1, colspan=1)   # 第 3 行第 1 幅图（左下）占据 1 行 1 列
ax4=plt.subplot2grid((3, 3), (2, 1), rowspan=1, colspan=1)   # 第 3 行第 2 幅图（左下）占据 1 行 1 列
fig.tight_layout()
```

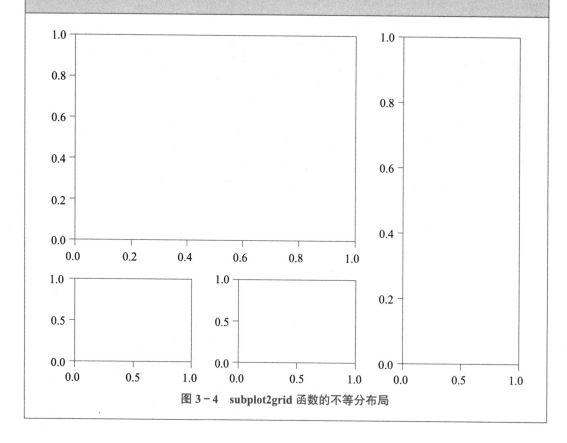

图 3 - 4 subplot2grid 函数的不等分布局

```
# 使用 GridSpec 函数自定义布局 (图 3-5)
fig = plt.figure(figsize=(6, 5))            # 创建新图形，并设置图形大小
grid=plt.GridSpec(3, 3)                     # 生成 2 行 3 列的网格
plt.subplot(grid[0, :2])                    # 占据第 1 行前 2 列
plt.subplot(grid[0, 2])                     # 占据第 1 行前 3 列
plt.subplot(grid[1, :1])                    # 占据第 2 行第 1 列
plt.subplot(grid[1, 1:])                    # 占据第 2 行后 2 列
plt.subplot(grid[2, :3])                    # 占据第 3 行前 3 列
fig.tight_layout()                          # 紧凑布局
```

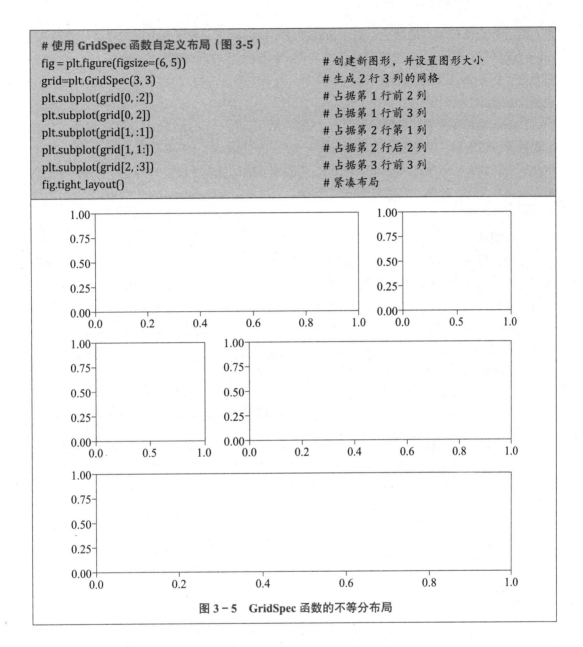

图 3 − 5　GridSpec 函数的不等分布局

3.1.4 图形颜色、线型和标记

Python 的每个绘图函数都有多个关键字参数，用于控制图形细节，如标记大小、形状等。使用者可以用 help(函数名) 查阅函数参数的详细解释。绘图时，若不对参数做任何修改，则函数使用默认参数绘制图形。如果默认设置不能满足个人需要，可对其进行修改，以改善图形输出。图形参数可用于控制图形颜色、线条形状、标记属性等。

1. 图形颜色

图形配色在可视化中十分重要，从某种程度上说，颜色可以作为展示数据的一个特殊维度。Python 软件提供了丰富的绘图颜色，使用参数 color="" 可以控制图形内容颜

色：对于散点图控制点的颜色，对于折线图控制线的颜色，对于直方图控制箱子的颜色。color 有时可简写为 c。字符串是颜色的名称，Python 已对部分颜色命名，除了已命名的颜色外，Python 还支持 16 进制颜色字符串，以 "#" 开头，如 "#3FD462"，也可以使用调色板（palette）为图形配色。

Python 为几种主要颜色设置了简写，如 'b' 表示蓝色，'r' 表示红色，'g' 表示绿色，'k' 表示黑色等。设置单一颜色时，表示成 color="red"（或 color='r'）。设置多个颜色时，则为一个颜色列表，如 color=["red", "green", "blue"]。需要填充的颜色多于设置的颜色向量时，颜色会被重复循环使用。比如，要填充 10 个条的颜色，可使用参数 color=["red", "green"] 表示两种颜色被重复使用。

2. 线型和标记

绘制线段或折线图时，若需要在图形中添加多个线条组件，可以使用线条粗细、线条形状等进行区分。Python 使用参数 linestyle="" 控制线型，可简写为 ls；使用参数 linewidth 控制线条宽度，可简写为 lw。Python 常用的线型有：'-' 表示实线，也可使用名称 "solid"；'--' 表示破折线，或使用名称 "dashed"；':' 表示点虚线，或使用名称 "dotted"；'-.' 表示点划线，或使用名称 "dashdot"。还可设置空字符串 '' 表示无线条。如图 3-6 所示为 Python 支持的线型，包括很多未命名的使用参数表示的线型，使用时用名称下方的元组即可。

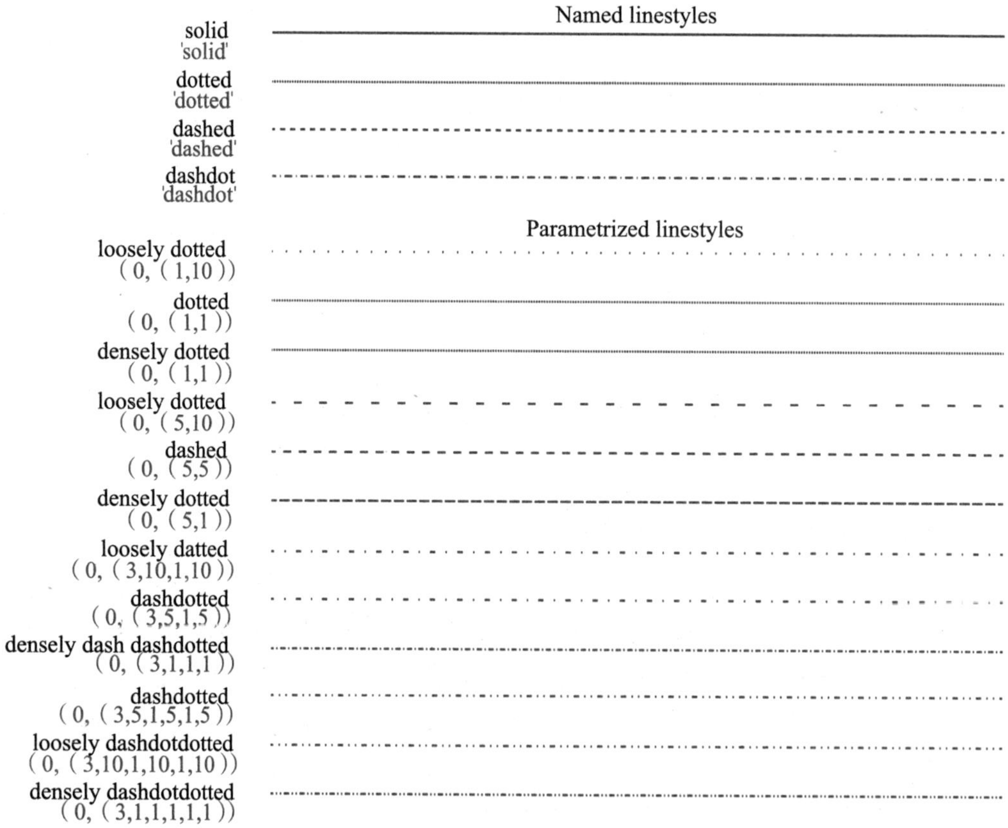

图 3-6　Python 支持的线型

绘制散点图和折线图等图形时会用到点标记，Python 使用 marker="" 参数控制标记的形状，使用 markersize 控制标记的大小。如图 3－7 所示为 Python 支持的标记形状。

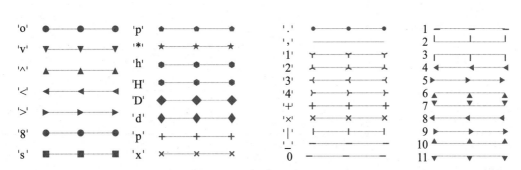

图 3－7　Python 支持的标记形状

3.2 类别数据可视化

对于类别数据，主要是关心各类别的绝对频数及频数百分比等信息，对于具有类别标签的其他数值（如各地区的地区生产总值数据），则主要关心不同类别中的其他数值的绝对值大小或百分比构成。比如，画出男女人数的条形图，这里的人数就是男或女这两个类别出现的频数；如果画出男女平均收入的条形图，这里的平均收入并不是男或女这两个类别出现的频数，而是与这两个类别对应的其他数值。类别数据可视化的基本图形主要有：展示绝对值大小的条形图、展示百分比构成的饼图、展示层次结构的树状图和旭日图等。

3.2.1 条形图

条形图（bar chart）是用一定长度和宽度的矩形表示各类别数值多少的图形，主要用于展示类别数据的频数或带有类别标签的其他数值。绘制条形图时，各类别可以放在 x 轴（横轴），也可以放在 y 轴（纵轴）。类别放在 x 轴的条形图称为**垂直条形图**（vertical bar chart）或柱形图，类别放在 y 轴的条形图称为**水平条形图**（horizontal bar chart）。根据绘制的变量多少，条形图有简单条形图、簇状（并列）条形图和堆积（堆叠）条形图等不同形式。

1. 简单条形图和帕累托图

简单条形图是根据一个类别变量中各类别的频数或其他数值绘制的，主要用于描述各类别的频数或其他数据的绝对值大小。其中的各个类别可以放在 x 轴，也可以放在 y 轴。下面用一个例子说明条形图的绘制方法及其解读。

例 3－1　（数据：example3_1）表 3－1 是 2020 年北京、天津、上海和重庆城镇居民人均消费支出数据。绘制条形图分析各项支出消费金额的分布状况。

表 3-1　2020 年北京、天津、上海和重庆城镇居民人均消费支出　（单位：元）

支出项目	北京	天津	上海	重庆
食品烟酒	8 751.4	9 122.2	11 515.1	8 618.8
衣着	1 924.0	1 860.4	1 763.5	1 918.0
居住	17 163.1	7 770.0	16 465.1	4 970.8
生活用品及服务	2 306.7	1 804.1	2 177.5	1 897.3
交通通信	3 925.2	4 045.7	4 677.1	3 290.8
教育文化娱乐	3 020.7	2 530.6	3 962.6	2 648.3
医疗保健	3 755.0	2 811.0	3 188.7	2 445.3
其他用品及服务	880.0	950.7	1 089.9	675.1

数据来源：中国国家统计局网站（www.stats.gov.cn）。

解　这里涉及 4 个地区和 8 个支出项目，可以对不同地区和不同消费项目分别绘制简单条形图。为节省篇幅，这里只绘制北京各项消费支出和 4 个地区食品烟酒支出的条形图。

Python 中提供了多个绘制条形图的函数。使用 matplotlib 中的 plt.bar 函数绘制条形图的代码和结果如代码框 3-3 所示。

代码框 3-3　绘制简单条形图

```
# 图 3-8 的绘制代码（为简单条形图添加标签）
import pandas as pd
import matplotlib.pyplot as plt
plt.rcParams['font.sans-serif'] = ['SimHei']
df= pd.read_csv('C:/pdata/example/chap03/example3_1.csv', encoding='gbk')

# 图（a）北京各项支出的水平条形图
plt.subplots(2, 1, figsize=(8, 10))
plt.subplot(211)
plt.barh(y=df[' 支出项目 '], width=df[' 北京 '], alpha=0.6)      # 绘制水平条形图
plt.xlabel(' 支出金额 ', size=12)
plt.ylabel(' 支出项目 ', size=12)
plt.title('(a) 北京各项支出的水平条形图 ', size=15)
plt.xlim(0, 18500)                                            # 设置 x 轴的范围
# 添加数值标签
x=df[' 北京 ']
y=df[' 支出项目 ']
for a, b in zip(x, y):plt.text(a+500, b, '%.0f'% a,           # 标签位置在 x 值 +500 处
    ha='center', va='bottom', color='red', fontsize=10)

# 图（b）4 个地区食品烟酒支出的垂直条形图
plt.subplot(212)
labels= pd.Series([' 北京 ',' 天津 ',' 上海 ',' 重庆 '])
```

```
h= pd.Series([8751.4, 9122.2, 11515.1, 8618.8])
plt.bar(x=labels, height=h,                    # 绘制垂直条形图
    width = 0.6,                                # 设置条的宽度
    alpha = 0.6,                                # 设置颜色透明度
    align='center')                            # 默认 align='center'，表示条形与 x 轴标签中心对齐
plt.xlabel(' 地区 ', size=12)
plt.ylabel(' 支出金额 ', size=12)
plt.title('(b) 4 个地区食品烟酒支出的垂直条形图 ', size=15)
plt.ylim(0, 13000)                             # 设置 y 轴范围
# 添加数值标签
x=labels
y=h
for a, b in zip(x, y):
    plt.text(a, b+200, '%.0f'% b,              # 标签位置在 y 值 +200 处
    ha='center', va= 'bottom', color='red', fontsize=10)
plt.tight_layout()                             # 紧凑布局
```

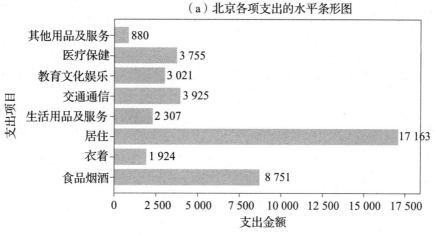

（a）北京各项支出的水平条形图

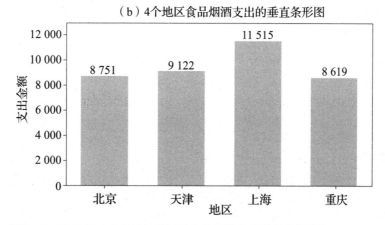

（b）4个地区食品烟酒支出的垂直条形图

图 3 - 8　2020 年 4 个地区城镇居民人均消费支出的简单条形图

图 3 - 8（a）显示，北京的各项支出中，居住支出最多，其他用品及服务支出最少。图 3 - 8（b）显示，在食品烟酒中，上海支出最多，重庆支出最少。

帕累托图（Pareto plot）是将各类别的数值降序排列后绘制的条形图，该图是以意大利经济学家帕累托（V.Pareto）的名字命名的。帕累托图可以看作简单条形图的变种，利用该图很容易看出哪类数据出现得最多，哪类数据出现得最少，还可以反映出各类别数据的累计百分比。

以例 3 - 1 中北京的各项支出为例，绘制帕累托图的 Python 代码和结果如代码框 3 - 4 所示。

代码框 3 - 4　绘制帕累托图

```python
# 图 3-9 的绘制代码
import pandas as pd
import matplotlib.pyplot as plt
plt.rcParams['font.sans-serif'] = ['SimHei']
plt.rcParams['axes.unicode_minus'] = False
df = pd.read_csv('C:/pdata/example/chap03/example3_1.csv', encoding='gbk')

# 处理数据
df=df.sort_values(by=' 北京 ', ascending=False)       # 按北京支出金额降序排序数据框
p = 100*df[' 北京 '].cumsum()/df[' 北京 '].sum()        # 计算累计百分比
df[' 累计百分比 ']=p                                    # 在数据框中插入累计百分比

# 绘制条形图
fig, ax = plt.subplots(figsize = (10, 7))             # 设置子图和大小
ax.bar(df[' 支出项目 '], df[" 北京 "], color="steelblue")  # 绘制条形图
ax.set_ylabel(' 支出金额 ', size=12)                    # 设置 y 轴标签
ax.set_xlabel(' 支出项目 ')                             # 设置 x 轴标签

ax2 = ax.twinx()                                       # 与条形图共享坐标轴
ax2.plot(df[' 支出项目 '], df[" 累计百分比 "], color="C1", marker="D", ms=7)   # 绘制折线图
ax2.set_ylabel(' 累计百分比 ', size=12)                 # 设置 y 轴标签

# 添加数值标签
for a, b in zip(df[' 支出项目 '], df[' 累计百分比 ']):
    plt.text(a, b+1, '%.0f'% b,                        # 标签位置在 y 值 +1 处
    ha='center', va= 'bottom', color='red', fontsize=13)
```

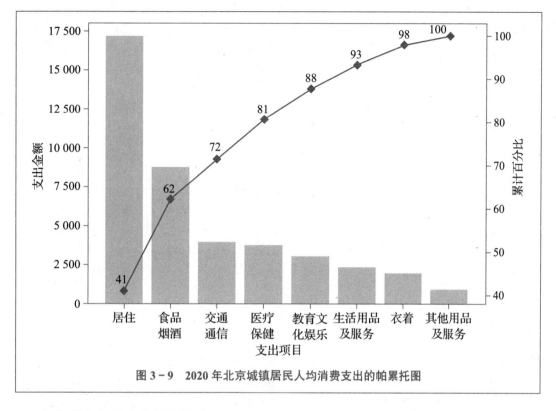

图 3 - 9   2020 年北京城镇居民人均消费支出的帕累托图

2. 簇状条形图和堆积条形图

简单条形图只展示一个类别变量的信息，对于多个类别变量，如果将各变量的各类别绘制在一张图里，不仅节省空间，也便于比较。根据两个类别变量绘制条形图时，可采用**簇状条形图**（cluster bar chart）或**堆积条形图**（stacked bar chart），这类图形主要用于比较各类别的绝对值。在簇状条形图中，一个类别变量作为坐标轴，另一个类别变量各类别频数的条形并列摆放；在堆积条形图中，一个类别变量作为坐标轴，另一个类别变量各类别频数按比例堆叠在同一个条中。

以例 3 - 1 的数据为例，绘制簇状（并列）条形图和堆积条形图的代码和结果如代码框 3 - 5 所示。

代码框 3 - 5   绘制簇状（并列）条形图和堆积条形图

```
# 图 3-10 的绘制代码（为并列条形图和堆叠条形图添加标签）
import pandas as pd
import matplotlib.pyplot as plt
plt.rcParams['font.sans-serif'] = ['SimHei']
df= pd.read_csv('C:/pdata/example/chap03/example3_1.csv', encoding='gbk')

# 图（a）并列条形图（以北京、天津和上海为例）
plt.subplots(2, 1, figsize=(9, 12))
```

```
plt.subplot(211)

x=df[' 支出项目 ']
y1=df[' 北京 ']
y2=df[' 天津 ']
y3=df[' 上海 ']
#y4=df[' 重庆 ']
width=0.2                    # 设置条的宽度

# 设置后两个条形向后移动的宽度
x1 = list(range(len(x)))
x2 = [i+1.35*width for i in x1]
x3 = [i+2.7*width for i in x1]

# 绘制条形图
plt.ylim(0, 20000)           # 设置 y 轴的范围
plt.xlabel(' 支出项目 ', size=12)
plt.ylabel(' 支出金额 ', size=12)
plt.xticks(x2, x)            # 设置 x 轴刻度位置 ( 在天津下面居中 )
plt.bar(x1, y1, width=0.25, label=' 北京 ', align='center', alpha=0.8)
plt.bar(x2, y2, width=0.25, label=' 天津 ', align='center', alpha=0.8)
plt.bar(x3, y3, width=0.25, label=' 上海 ', align='center', alpha=0.8)
plt.title('(a) 并列条形图 ', fontsize=15, color='blue')
plt.legend()                 # 绘制图例

# 添加数值标签
for a, b in zip(x1, y1):
    plt.text(a, b+200, '%.0f' % b, ha='center', va= 'bottom', color='blue', fontsize=10,
        rotation=90)          # 标签旋转 90 度
for a, b in zip(x2, y2):
    plt.text(a, b+200, '%.0f' % b, ha='center', va= 'bottom', color='red', fontsize=10, rotation=90)
for a, b in zip(x3, y3):
    plt.text(a, b+200, '%.0f' % b, ha='center', va= 'bottom', color='green', fontsize=10, rotation=90)

# 图 (b) 堆叠条形图 ( 以北京、天津和上海为例 )
plt.subplot(212)
x=df[' 支出项目 ']
y1=df[' 北京 ']
y2=df[' 天津 ']
```

```
y3=df[' 上海 ']
width=0.6          #设置条的宽度
p1=plt.bar(x, y1, width=width, label=' 北京 ', color='blue', alpha=0.5)
p2=plt.bar(x, y2,width=width, bottom=y1, label=' 天津 ', color='red', alpha=0.5) # 堆叠在第一个上方
p3=plt.bar(x, y3,width=width, bottom=y1+y2, label=' 上海 ', color='green', alpha=0.5) # 堆叠在第一个和第二个
                                                                          上方

plt.xlabel(' 支出项目 ', size=12)
plt.ylabel(' 支出金额 ', size=12)
plt.title('(b) 堆叠条形图 ', fontsize=15, color='blue')
plt.legend()

# 添加数值标签
for a, b in zip(x, y1):
    plt.text(a, b-1100, '%.0f' % b, ha='center', va= 'bottom', fontsize=9)
for a, b in zip(x, y1+y2):
    plt.text(a, b-1100, '%.0f' % b, ha='center', va= 'bottom', fontsize=9)
for a, b in zip(x, y1+y2+y3):
    plt.text(a, b-1300, '%.0f' % b, ha='center', va= 'bottom', fontsize=9)

plt.tight_layout()
plt.show()
```

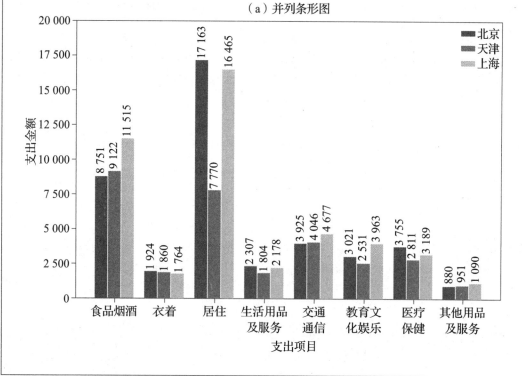

（a）并列条形图

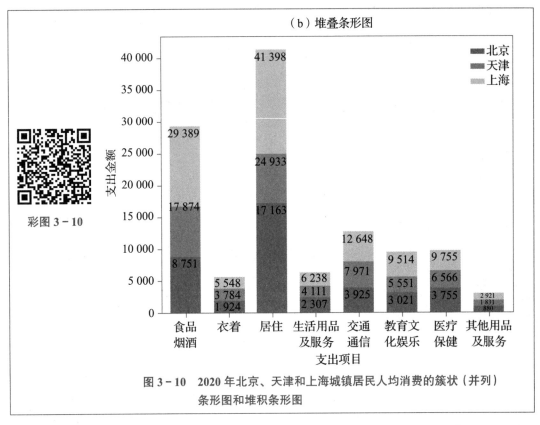

（b）堆叠条形图

彩图 3 – 10

图 3 – 10 2020 年北京、天津和上海城镇居民人均消费的簇状（并列）
条形图和堆积条形图

如图 3 – 10（a）所示为簇状（并列）条形图，每一个消费项目中的不同条表示不同的
地区，条的长度表示支出金额的多少。如图 3 – 10（b）所示为堆积条形图，每个条的高度
表示不同地区支出金额的多少，条中所堆积的矩形大小与该地区的各项支出金额成正比。

如果要比较各类别构成的百分比，也可以将堆积条形图绘制成百分比条形图。百分
比条形图可以看作堆积条形图的变种，图中每个条的高度均为 100%，条内矩形的大小取
决于各地区支出金额构成的百分比。

以例 3 – 1 中各地区的支出为例，绘制百分比条形图的代码和结果如代码框 3 – 6 所示。

代码框 3 – 6 绘制百分比条形图

```
# 图 3-11 的绘制代码
import pandas as pd
import matplotlib.pyplot as plt
from plotnine import*
plt.rcParams['font.sans-serif'] = ['SimHei']
df= pd.read_csv('C:/pdata/example/chap03/example3_1.csv', encoding='gbk')

# 计算比例
SumCol=df.iloc[:, 1:].apply(lambda x:x.sum(axis=0))          # 对 2～5 列按列求和
df.iloc[:, 1:]=df.iloc[:, 1:].apply(lambda x:x/SumCol, axis=1)   # 计算各列占列总和的比例

# 按支出项目排序
```

```
my_type=pd.CategoricalDtype(categories=df[' 支出项目 '], ordered=True)  # 设置类别顺序
df[' 支出项目 ']=df[' 支出项目 '].astype(my_type)                        # 转换数据框的支出项目为有序类

df= pd.melt(df, id_vars=[' 支出项目 '], value_vars=[' 北京 ', ' 天津 ', ' 上海 ', ' 重庆 '],
        var_name=' 地区 ', value_name=' 支出比例 ')                     # 融合数据为长格式

# 绘图
theme=theme(text=element_text(family='SimHei'))                     # 设置字体
ggplot(df, aes(x=' 地区 ', y=' 支出比例 ', fill=' 支出项目 '))
    +geom_bar(stat='identity', color='black', alpha=1, position='fill', width=0.8, size=0.2)
    +scale_fill_brewer(palette='Reds')+theme_matplotlib()+theme
```

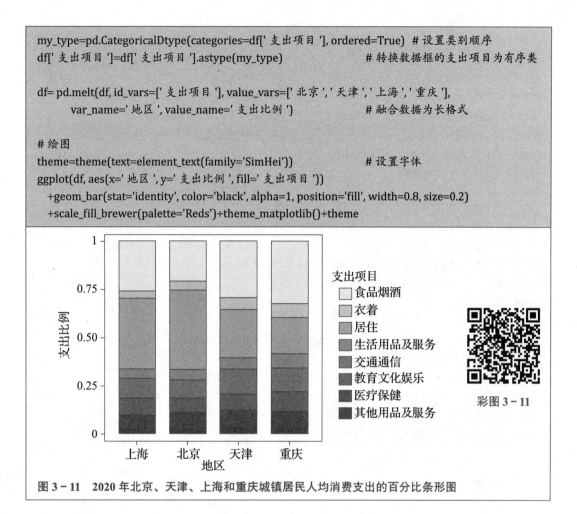

图 3 - 11　2020 年北京、天津、上海和重庆城镇居民人均消费支出的百分比条形图

3.2.2　瀑布图和漏斗图

瀑布图（waterfall chart）是由麦肯锡顾问公司独创的一种图形，因为形似瀑布流水而得名。瀑布图和漏斗图可以看作简单条形图的变种形式，它与条形图十分形似，区别是条形图不反映局部与整体的关系，而瀑布图可以显示多个子类对总和的贡献，从而展示局部与整体的关系。比如，各个产业的增加值对国内生产总值（GDP）的贡献，不同地区的销售额对总销售额的贡献，等等。

以例 3 - 1 中北京的各项支出为例，绘制瀑布图的代码和结果如代码框 3 - 7 所示。

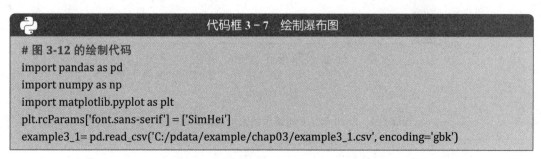

代码框 3 - 7　绘制瀑布图

```
# 图 3-12 的绘制代码
import pandas as pd
import numpy as np
import matplotlib.pyplot as plt
plt.rcParams['font.sans-serif'] = ['SimHei']
example3_1= pd.read_csv('C:/pdata/example/chap03/example3_1.csv', encoding='gbk')
```

```
# 处理数据
df=example3_1[[' 支出项目 ',' 北京 ']]                      # 选择北京的数据
df.set_index([' 支出项目 '], inplace=True)                  # 将支出项目设为索引
df[" 北京 "].cumsum()                                       # 计算累积和
total = df.sum()[" 北京 "]                                  # 计算北京各项支出的总和
df.loc[" 总支出 "] = total                                  # 设置总支出
blank = df[" 北京 "].cumsum().shift(1).fillna(0)
blank.loc[" 总支出 "] = total
blank.loc[" 总支出 "] = 0                                   # 设置首位数据为 0

# 绘制瀑布图
plt.figure(figsize=(15, 12))
my_plot = df.plot(kind='bar', stacked=True, bottom=blank, legend=None, title=" 瀑布图 ")
step = blank.reset_index(drop=True).repeat(3).shift(-1)
step[1::3] = np.nan

my_plot.plot(step.index, step.values, 'k--', linewidth=0.8)  # 设置连接线
plt.xticks(rotation=45)                                      # 设置标签旋转角度
plt.grid(linewidth=0.5)                                      # 绘制网格线

plt.xlabel(' 支出项目 ', size=12)
plt.ylabel(' 支出金额 ', size=12)
```

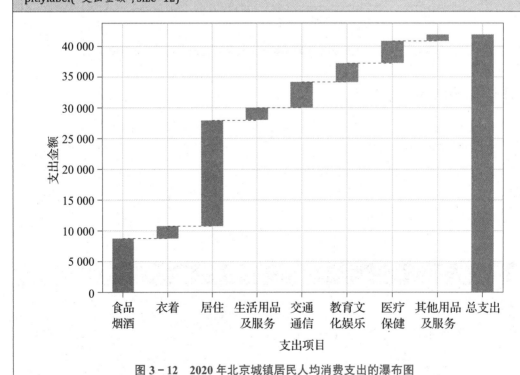

图 3 - 12　2020 年北京城镇居民人均消费支出的瀑布图

如图 3 - 12 所示，各条形的高度与相应的各项支出金额成正比，最后一个条是各项
支出的合计数，其高度是各子类条的高度总和。

漏斗图（funnel plot）因形状类似漏洞而得名，它是将各类别数值降序排列后绘制的
水平条形图。漏斗图适合展示数据逐步减少的现象，比如：生产成本逐年减少等。

以例 3 - 1 中北京的各项支出为例，绘制漏斗图的代码和结果如代码框 3 - 8 所示。

代码框 3 - 8   绘制漏斗图

```python
# 图 3-13 的绘制代码
import pandas as pd
import matplotlib.pyplot as plt
from pyecharts import options as opts
from pyecharts.charts import Funnel
plt.rcParams['font.sans-serif'] = ['SimHei']
df= pd.read_csv('C:/pdata/example/chap03/example3_1.csv', encoding='gbk')


myfun = (
  Funnel()
  .add(" 漏斗图 ", [list(z) for z in zip(df[' 支出项目 '].tolist(), df[' 北京 '].tolist())])
  .set_global_opts(title_opts=opts.TitleOpts(title=" 漏斗图 "))
)

#myfun.render_notebook()      # 在 Jupyter notebook 中生成图形（默认生成 render.html 文件）
```

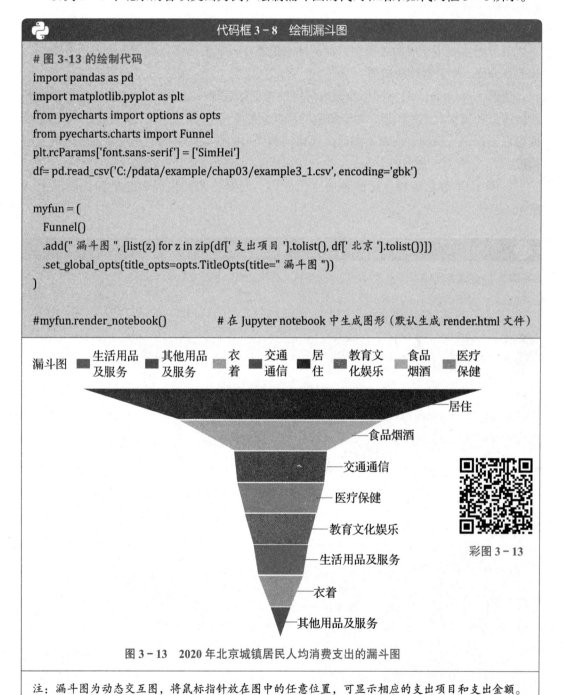

图 3 - 13   2020 年北京城镇居民人均消费支出的漏斗图

注：漏斗图为动态交互图，将鼠标指针放在图中的任意位置，可显示相应的支出项目和支出金额。

如图 3 - 13 所示为各项支出由多到少的变化。

3.2.3 饼图和环形图

展示样本（或总体）中各类别数值占总数值比例的常用图形为饼图。饼图的变种形式有环形图等。

1. 饼图

条形图主要用于展示各类别数值的绝对值大小，要想观察各类别数值占所有类别总和的百分比，则需要绘制饼图。

饼图（pie chart）是用圆形及圆内扇形的角度来表示一个样本（或总体）中各类别的数值占总和比例大小的图形，对于研究结构性问题十分有用。例如：根据表 3 - 1 中的数据可以绘制多个饼图，反映不同地区各项消费支出的构成或不同消费项目各地区的支出构成。

以例 3 - 1 中北京和上海的各项支出为例，绘制饼图的代码和结果如代码框 3 - 9 所示。

```
代码框 3-9  绘制饼图

# 图 3-14 的绘制代码
import pandas as pd
import matplotlib.pyplot as plt
plt.rcParams['font.sans-serif'] = ['SimHei']
df= pd.read_csv('C:/pdata/example/chap03/example3_1.csv', encoding='gbk')

# 图（a）绘制普通饼图（以北京为例）
plt.subplots(1, 2, figsize=(12, 8))
plt.subplot(121)
p1=plt.pie(df[' 北京 '], labels=df[' 支出项目 '],
       autopct='%1.2f%%')              # 显示数据标签为百分比格式，%1.2f 表示保留 2 位小数
plt.title('(a) 2020 年北京 \n 城镇居民人均消费支出的饼图 ', size=15)

# 图（b）绘制 3D 饼图（以上海为例）
plt.subplot(122)
p2=plt.pie(df[' 上海 '], labels=df[' 支出项目 '], autopct='%1.2f%%',
       shadow=True,                    # shadow=True 表示绘制立体带阴影的饼图
       explode=(0.11, 0, 0, 0, 0, 0, 0, 0)) # 设置某一块与距离中心的距离
plt.title('(b) 2020 年上海 \n 城镇居民人均消费支出的 3D 饼图 ', size=15)

plt.tight_layout()
plt.show()
```

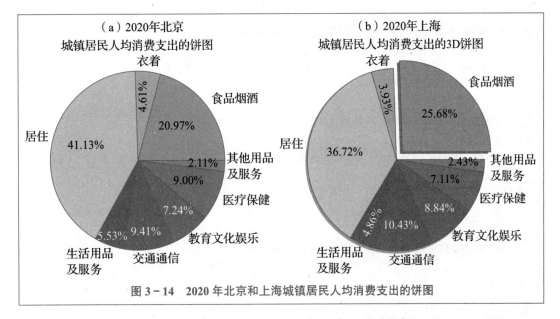

图 3-14　2020 年北京和上海城镇居民人均消费支出的饼图

图 3-14（a）显示，北京的各项消费支出中，居住的支出占比达 41.13%，而其他用品及服务的支出仅占 2.11%。图 3-14（b）显示，上海的各项消费支出中，居住的支出占比达 36.72%，而其他用品及服务的支出仅占 2.43%。

彩图 3-14

2. 环形图

饼图只能展示一个样本各类别数值所占的比例。在例 3-1 中，如果要比较 4 个地区不同消费支出的构成，则需要绘制 4 个饼图，这种做法既不经济也不便于比较。能否用一个图形比较出 4 个地区不同消费支出构成呢？把饼图叠在一起，挖去中间的部分就可以了，这就是**环形图**（doughnut chart）。

环形图与饼图类似，但又有区别。环形图中间有一个"空洞"，每个样本用一个环来表示，样本中每一类别的数值构成用环中的一段表示。因此，环形图可展示多个样本各类别数值占其相应总和的比例，从而有利于构成的比较研究。

以例 3-1 中北京、天津和上海的各项支出为例，绘制环形图的代码和结果如代码框 3-10 所示。

代码框 3-10　绘制环形图

```
# 图 3-15 的绘制代码
import pandas as pd
import matplotlib.pyplot as plt
plt.rcParams['font.sans-serif'] = ['SimHei']  # 显示中文
df= pd.read_csv('C:/pdata/example/chap03/example3_1.csv', encoding='gbk')

# 图（a）：绘制单样本环形图（以北京的各项支出为例）
plt.subplots(1, 2, figsize=(12, 8))
plt.subplot(121)
```

```
p1=plt.pie(df[' 北京 '], labels=df[' 支出项目 '], startangle=0,
    autopct='%1.2f%%', pctdistance=0.8,
    wedgeprops={'width':0.5, 'edgecolor':'w'})          # 环的宽度为 0.5，边线颜色为白色
plt.title('(a) 北京各项消费支出的环形图 ', size=15)


# 图（b）：多样本镶嵌环形图（以北京、天津和上海为例）
plt.subplot(122)
colors=['red', 'yellow', 'slateblue', 'lawngreen', 'magenta',
    'green', 'orange', 'cyan', 'pink', 'gold']          # 设置颜色向量
p2=plt.pie(df[' 北京 '], labels=df[' 支出项目 '], autopct='%1.2f%%',
    radius=1, pctdistance=0.9,                          # 半径为 1，标签距圆心距离为 0.85
    colors=colors,
    wedgeprops=dict(linewidth=1.2, width=0.3, edgecolor='w'))
                                                        # 边线宽度为 1，环的宽度为 0.3，颜色为白色

p3=plt.pie(df[' 上海 '], autopct='%1.2f%%',
    radius=0.8, pctdistance=0.85, colors=colors,
    wedgeprops=dict(linewidth=1, width=0.3, edgecolor='w'))

p4=plt.pie(df[' 天津 '], autopct='%1.2f%%',
    radius=0.6, pctdistance=0.7, colors=colors,
    wedgeprops=dict(linewidth=1, width=0.3, edgecolor='w'))
plt.title('(b) 北京、天津和上海各项消费支出的环形图 ', size=15)

plt.tight_layout()
plt.show()
```

彩图 3 - 15

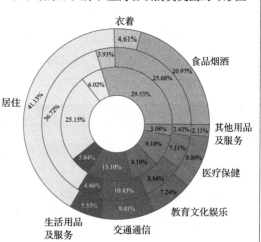

图 3 - 15　2020 年北京、天津和上海城镇居民人均消费支出的环形图

如图 3 - 15（b）所示为 3 个地区各项消费支出的构成，其中，最外面的环是北京，向内依次为天津和上海。

3.2.4 树状图

当有两个或两个以上类别变量时，可以将各类别的层次结构画成树状，称为**树状图**（dendrogram）或分层树状图。树状图有不同的表现形式，主要用来展示各类别变量之间的层次结构关系，尤其适合展示两个及两个以上类别变量的情形。

树状图是将多个类别变量的层次结构绘制在一个表示总数值的大的矩形中，每个子类用不同大小的矩形嵌套在这个大的矩形中，嵌套矩形表示各子类别，其大小与相应的子类数值成正比。

例 3 - 2（数据：example3_1）沿用例 3 - 1。绘制树状图，分析北京各项支出金额的分布状况。

解 绘制树状图时，需要将表 3 - 1 的数据转化成长格式再绘图。代码和结果如代码框 3 - 11 所示。

代码框 3 - 11　绘制树状图

```
# 图 3-16 的绘制代码（以北京为例）
iimport pandas as pd
import matplotlib.pyplot as plt
import squarify
import seaborn as sns
plt.rcParams['font.sans-serif'] = ['SimHei']
df= pd.read_csv('C:/pdata/example/chap03/example3_1.csv', encoding='gbk')

# (a) 按北京的支出金额升序排序
dd=df.sort_values(by=' 北京 ', ascending=True)
colors=sns.light_palette('brown', 8)               # 设置颜色
#colors=sns.light_palette('red', 8)

plt.subplots(1, 2, figsize=(11, 5))                 # 设置 1 行 2 列的网格和图形大小
plt.subplot(121)
squarify.plot(sizes=dd[' 北京 '], label=dd[' 支出项目 '],    # 绘制北京各项支出的矩形
        pad=True,                                   # 画出各矩形之间的间隔
        color=colors, alpha=0.8)
plt.title('(a) 按支出金额升序排序 ')

# (b) 按北京的支出金额降序排序
dd=df.sort_values(by=' 北京 ', ascending=False)
plt.subplot(122)
```

```
squarify.plot(sizes=dd[' 北京 '], label=dd[' 支出项目 '], pad=True, color=colors, alpha=0.8)
plt.title('(b) 按支出金额降序排序 ')

plt.tight_layout()
plt.show()
```

彩图 3 - 16

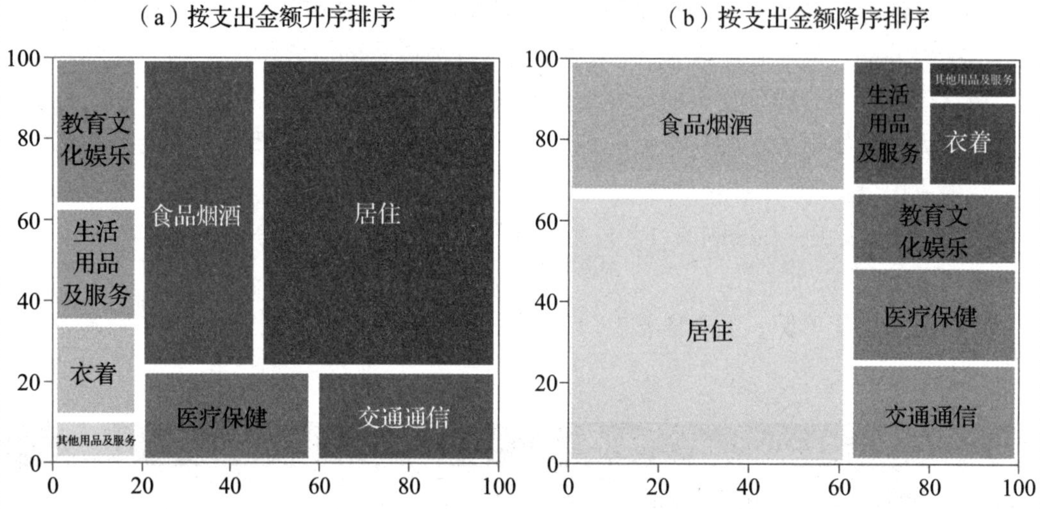

（a）按支出金额升序排序　　　　　　（b）按支出金额降序排序

图 3 - 16　2020 年北京城镇居民人均消费支出的树状图

如图 3 - 16（a）所示为按支出金额升序绘制的树状图，它将支出金额绘制成一个大的矩形，嵌套在这个大矩形中的矩形表示各项支出的金额，其大小与该支出总金额占全部总金额的多少成正比。比如，居住的矩形最大，表示在各项支出中，居住支出占总支出比例最大，其他商品及服务的矩形最小，表示其支出占总支出的比例最小。如图 3 - 16（b）所示为按支出金额降序绘制的树状图。

3.3　数值数据可视化

展示数值数据的图形有多种。对于只有一个样本或一个变量的数值数据，主要关注数据的分布特征，比如，分布的形状是否对称、是否存在长尾等；对于多个数值变量，主要关注变量之间的关系，比如，变量之间是否有关系以及有什么样的关系等；对于在多个样本上获得多个数值变量，主要关注各样本在多个变量上的取值是否相似。

3.3.1　分布特征可视化

数据的分布特征主要指分布的形状是否对称、是否存在长尾或离群点等。展示数据分布特征的图形有多种，本节只介绍**直方图**（histogram）和**箱形图**（box plot）。

1. 直方图

直方图是展示数值数据分布的一种常用图形，它是用矩形的宽度表示数据分组，用矩形的高度表示各组频数。通过直方图可以观察数据分布的大致情况，如分布是否对称、偏斜的程度以及长尾部的方向等。如图 3 - 17 所示为几种不同分布形状的直方图。

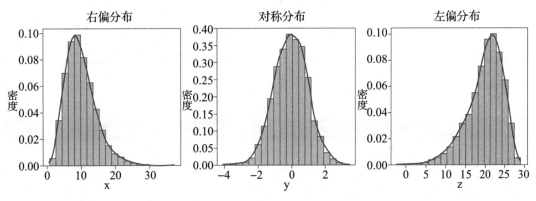

图 3 - 17　不同分布形状的直方图

如图 3 - 17 所示，分布曲线的最高处就是分布的峰值。对称分布是以峰值为中心两侧对称；右偏分布是指在分布的右侧有长尾；左偏分布是指在分布的左侧有长尾。

绘制直方图时，用 x 轴表示数据的分组区间，y 轴表示各组的频数或频率，区间宽度和相应的频数画出一个矩形（箱子），多个矩形并列起来就是直方图。因为数据的分组是连续的，所以各矩形之间应连续排列，不能留有间隔。

例 3 - 3　（数据：example3_3）为分析网约车的营业情况，随机抽取 150 个参与网上约车服务的出租车司机进行调查，得到他们某一天的营业额数据，见表 3 - 2。绘制直方图分析营业额的分布特征。

表 3 - 2　150 个出租车司机一天的营业额　　　　　　　　（单位：元）

319	493	346	362	532	283	413	207	444	426
264	510	615	365	355	418	329	315	439	446
354	550	450	346	510	391	516	378	470	453
351	586	345	380	384	476	434	313	202	400
357	419	426	369	461	268	435	416	226	363
237	638	354	487	401	209	433	454	424	361
638	390	392	355	302	569	583	459	421	289
375	408	475	546	299	384	462	349	370	480
436	572	251	431	296	349	240	475	453	377

续表

586	334	528	516	492	331	391	489	366	530
321	494	309	402	660	327	351	360	319	255
350	367	387	365	433	388	391	459	394	297
257	397	432	303	381	433	317	418	393	458
528	360	500	273	240	392	403	447	319	300
501	535	420	314	447	393	443	463	698	327

解 绘制直方图的代码和结果如代码框 3-12 所示。

代码框 3-12　绘制直方图

```python
# 图 3-18 的绘制代码
import pandas as pd
import matplotlib.pyplot as plt
import seaborn as sns
plt.rcParams['font.sans-serif'] = ['SimHei']
df= pd.read_csv('C:/pdata/example/chap03/example3_3.csv', encoding='gbk')

plt.subplots(2, 2, figsize=(10, 8))
plt.subplot(221)
sns.histplot(df[' 营业额 '])              # 默认 y 轴为计数，即观测的频数
plt.title('(a) 默认绘制 (y 轴为频数 )', size=12)

plt.subplot(222)
sns.histplot(df[' 营业额 '], kde=True,  # 显示核密度曲线
    stat='frequency')              # y 轴为频率 (观测值的频数除以箱宽，即频数除以组距)
plt.title('(b) 显示核密度曲线 (y 轴为频率 )', size=12)

plt.subplot(223)
sns.histplot(df[' 营业额 '], bins=20,   # 分成 20 组 (箱子个数)
    kde=True, stat="density")       # y 轴为密度 (直方图的面积为 1)
plt.title('(c) 分成 20 组 (y 轴为密度 )', size=12)

plt.subplot(224)
sns.histplot(df[' 营业额 '], bins=30, kde=True, stat="probability") # y 轴为概率，条形高度之和为 1
plt.title('(d) 分成 30 组 (y 轴为概率 )', size=12)

plt.tight_layout()
plt.show()
```

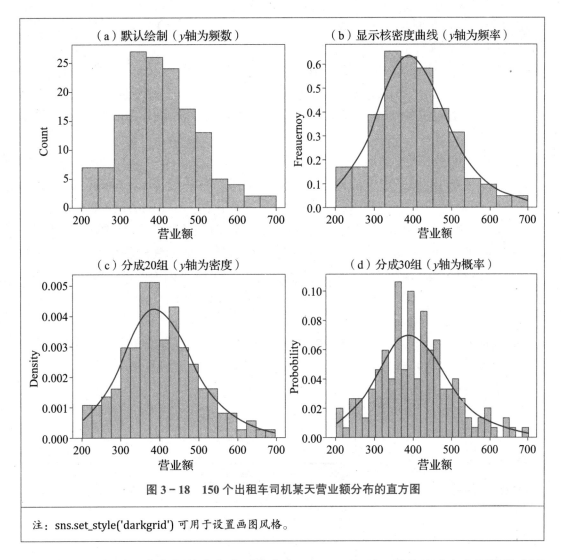

图 3 - 18　150 个出租车司机某天营业额分布的直方图

注：sns.set_style('darkgrid') 可用于设置画图风格。

图 3 - 18 显示，营业额的分布主要集中在 350 ~ 400 元，以此为中心向两侧依次减少，基本上呈现对称分布，但右边的尾部比左边的尾部稍长一些，表示营业额的分布有一定程度的右偏。

注意：直方图与条形图不同。首先，条形图中的每一矩形表示一个类别，其宽度通常没有意义①，而直方图的宽度则表示各组的组距。其次，由于分组数据具有连续性，因而直方图的各矩形通常是连续排列的，而条形图则是分开排列的。最后，条形图主要用于展示类别数据或具有类别标签的数值数据，而直方图则主要用于展示类别化的数值数据。

2. 箱形图

箱形图不仅可用于反映一组数据分布的特征，比如，分布是否对称，是否存在**离群**

---

① 使用 R 软件可以绘制不等宽条形图，此时的宽度是有意义的，条的宽度表示样本量大小。

点（outlier）等，还可以对多组数据的分布特征进比较，这也是箱形图的主要用途。绘制箱形图的步骤大致如下：

首先，找出一组数据的**中位数**（median）和两个**四分位数**[①]（quartiles），并画出箱子。中位数是一组数据排序后处在 50% 位置上的数值。四分位数是一组数据排序后处在 25% 位置和 75% 位置上的两个分位数值，分别用 $Q_{25\%}$ 和 $Q_{75\%}$ 表示。$Q_{75\%} - Q_{25\%}$ 称为**四分位差或四分位距**（quartile deviation），用 IQR 表示。用两个四分位数画出箱子（四分位差的范围），并画出中位数在箱子里面的位置。

其次，计算出内围栏和相邻值，并画出须线。**内围栏**（inter fence）是与 $Q_{25\%}$ 和 $Q_{75\%}$ 的距离等于 1.5 倍四分位差的两个点，其中 $Q_{25\%} - 1.5 \times IQR$ 称为下内围栏，$Q_{75\%} + 1.5 \times IQR$ 称为上内围栏。上、下内围栏一般不在箱形图中显示，只是作为确定离群点的界限[②]。然后找出上、下内围栏之间的最大值和最小值（即非离群点的最大值和最小值），称为**相邻值**（adjacent value），其中 $Q_{25\%} - 1.5 \times IQR$ 范围内的最小值称为下相邻值，$Q_{75\%} + 1.5 \times IQR$ 范围内的最大值称为上相邻值。用直线将上、下相邻值分别与箱子连接，称为**须线**（whiskers）。

最后，找出离群点，并在图中单独标出。**离群点**（outlier）是大于上内围栏或小于下内围栏的数值，也称**外部点**（outside value），在图中用"○"单独标出。

箱形图的示意图如图 3-19 所示。

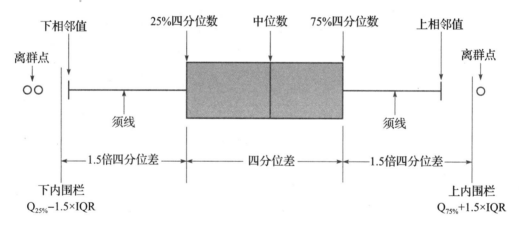

图 3-19 箱形图的示意图

为理解箱形图所展示的数据分布的特征，可借助如图 3-20 所示的几种不同的箱形图与其所对应的直方图。

下面通过一个例子说明用 Python 绘制箱形图的方法。

---

① 这些统计量将在第 4 章详细介绍。

② 也可以设定 3 倍的四分位差作为围栏，称为**外围栏**（outer fence），其中 $Q_{25\%} - 3 \times IQR$ 称为下外围栏，$Q_{75\%} + 3 \times IQR$ 称为上外围栏。外围栏也不在箱形图中显示。在外围栏之外的数据称为极值（extreme）。统计软件通常默认根据内围栏确定相邻值。

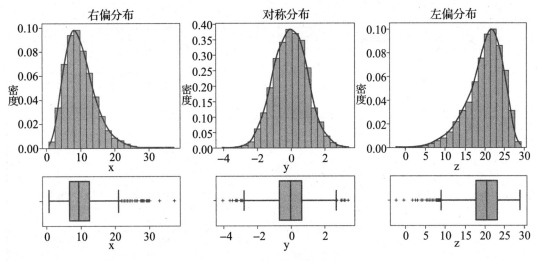

图 3 - 20　不同的箱形图与其所对应的直方图

例 3 - 4 （数据：example3_4）从某大学的 5 个学院中各随机抽取 30 名学生，得到英语考试分数的数据见表 3 - 3。绘制箱形图分析不同学院学生英语考试分数的分布特征。

表 3 - 3　5 个学院各 30 名学生的英语考试分数

经济学院	法学院	商学院	理学院	统计学院
74	83	90	70	78
77	81	95	73	74
78	71	95	80	86
84	68	91	75	66
85	77	60	60	80
72	71	87	75	91
83	62	84	79	78
92	68	81	69	79
55	75	70	76	85
72	78	92	75	76
76	82	82	64	73
76	78	83	77	91
84	75	90	76	87
78	76	96	78	78
74	74	87	76	86
85	70	88	65	71
79	74	86	81	68
81	79	91	79	74

续表

经济学院	法学院	商学院	理学院	统计学院
80	71	85	74	90
58	73	86	66	76
81	79	95	74	80
80	82	82	73	77
87	67	92	80	86
81	76	78	76	75
74	77	85	67	79
85	76	93	83	72
69	75	86	72	89
77	66	78	73	84
81	76	92	70	69
79	69	83	90	84

解 绘制箱形图的代码和结果如代码框 3-13 所示。

代码框 3-13　绘制箱形图

```python
# 图 3-21 的绘制代码
import pandas as pd
import matplotlib.pyplot as plt
import seaborn as sns
plt.rcParams['font.sans-serif'] = ['SimHei']
plt.rcParams['axes.unicode_minus'] = False

example3_4= pd.read_csv('C:/pdata/example/chap03/example3_4.csv', encoding='gbk')
df= pd.melt(example3_4, value_vars=[' 经济学院 ',' 法学院 ',' 商学院 ',' 理学院 ',' 统计学院 '],
    var_name=' 学院 ',value_name=' 考试分数 ')  # 融合数据为长格式

plt.figure(figsize=(8, 5))
sns.boxplot(x=' 学院 ', y=' 考试分数 ',
        width=0.6,                       # 设置箱子的宽度
        saturation=0.9,                  # 设置颜色的原始饱和度比例。1 表示完全饱和
        fliersize=5,                     # 设置离群点标记的大小
        linewidth=0.8,                   # 设置线宽
        notch=False,                     # 设置 notch 可绘制出箱子的凹槽
        palette="Set2",                  # 设置调色板
        orient="v",                      # 默认绘制垂直箱形图
        data=df)
```

第 3 章　数据可视化分析

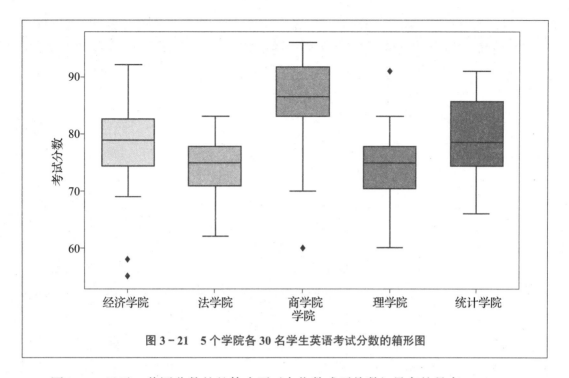

图 3 - 21　5 个学院各 30 名学生英语考试分数的箱形图

图 3 - 21 显示，英语分数的整体水平（中位数或平均数）最高的是商学院，其次是经济学院和统计学院（二者差异不大），较低的是法学院和理学院（二者差异不大）。从分布形状看，除统计学院外，其他 4 个学院的平均数都低于中位数，表示英语分数的分布呈现一定的左偏分布，其中，经济学院的箱形图中出现了 2 个离群点，商学院出现了 1 个离群点（通过添加数据标签可观察其结果），统计学院的分数则大致对称。

彩图 3 - 21

3.3.2　变量间关系可视化

如果要展示两个数值变量之间的关系，可以使用散点图；如果要展示 3 个数值变量之间的关系，则可以使用气泡图。

1. 散点图

散点图（scatter diagram）是用二维坐标中两个变量各取值点的分布展示变量之间的关系的图形。设坐标横轴代表变量 x，纵轴代表变量 y（两个变量的坐标轴可以互换），每对数据 (x_i, y_i) 在直角坐标系中用一个点表示，n 对数据点在直角坐标系中形成的点图称为散点图。利用散点图可以观察变量之间是否有关系、有什么样的关系以及关系的大致强度等。

例 3 - 5　（数据：example3_5）表 3 - 4 是 2020 年 31 个地区的人均地区生产总值（按当年价格计算）、社会消费品零售总额和地方财政一般预算支出。绘散点图并观察它们之间的关系。

83

表3-4　2020年31个地区的人均地区生产总值、社会消费品零售总额和地方财政一般预算支出

地区	人均地区生产总值（元）	社会消费品零售总额（亿元）	地方财政一般预算支出（亿元）
北京	164 889	13 716.4	7 116.18
天津	101 614	3 582.9	3 150.61
河北	48 564	12 705.0	9 021.74
山西	50 528	6 746.3	5 110.95
内蒙古	72 062	4 760.5	5 268.22
辽宁	58 872	8 960.9	6 001.99
吉林	50 800	3 824.0	4 127.17
黑龙江	42 635	5 092.3	5 449.39
上海	155 768	15 932.5	8 102.11
江苏	121 231	37 086.1	13 682.47
浙江	100 620	26 629.8	10 081.87
安徽	63 426	18 334.0	7 470.96
福建	105 818	18 626.5	5 214.62
江西	56 871	10 371.8	6 666.10
山东	72 151	29 248.0	11 231.17
河南	55 435	22 502.8	10 382.77
湖北	74 440	17 984.9	8 439.04
湖南	62 900	16 258.1	8 402.70
广东	88 210	40 207.9	17 484.67
广西	44 309	7 831.0	6 155.42
海南	55 131	1 974.6	1 973.89
重庆	78 170	11 787.2	4 893.94
四川	58 126	20 824.9	11 200.72
贵州	46 267	7 833.4	5 723.27
云南	51 975	9 792.9	6 974.01
西藏	52 345	745.8	2 207.77
陕西	66 292	9 605.9	5 933.78
甘肃	35 995	3 632.4	4 154.90
青海	50 819	877.3	1 933.28
宁夏	54 528	1 301.4	1 483.01
新疆	53 593	3 062.5	5 453.75

数据来源：国家统计局网站（www.stats.gov.cn）。

解　如果想观察3个变量两两之间的关系，可以分别绘制3个散点图。这里只绘制出人均地区生产总值与社会消费品零售总额、社会消费品零售总额与地方财政一般预算支出这两个散点图，代码和结果如代码框3-14所示。

代码框 3 – 14 绘制散点图

```python
# 图 3-22 的绘制代码
import pandas as pd
import seaborn as sns
import matplotlib.pyplot as plt
plt.rcParams['font.sans-serif'] = ['SimHei']
plt.rcParams['axes.unicode_minus'] = False
df= pd.read_csv('C:/pdata/example/chap03/example3_5.csv', encoding='gbk')

# 图（a）普通散点图
plt.subplots(1, 2, figsize=(11, 4.5))
plt.subplot(211)
sns.regplot(x=df['人均地区生产总值'], y=df['社会消费品零售总额'],
      fit_reg=False, marker='+', data=df)
plt.title('(a) 普通散点图 ', size=12)

# 图（b）添加回归线和置信带
plt.subplot(212)
sns.regplot(x=df['社会消费品零售总额'], y=df['地方财政一般预算支出'],
      fit_reg=True, marker='+',         # 添加回归线
      data=df)
plt.title('(b) 添加回归线和置信带 ', size=12)
```

彩图 3 – 22

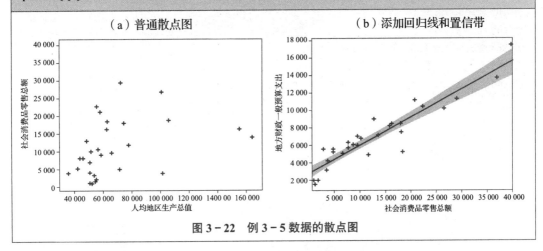

图 3 – 22 例 3 – 5 数据的散点图

图 3 – 22（a）显示，随着人均地区生产总值的增加，社会消费品零售总额也在一定程度上增加，表明二者之间具有一定的线性关系，但线性关系不是很强。图 3 – 22（b）则显示，各观测点紧密围绕在直线周围分布，表示社会消费品零售总额与地方财政一般预算支出之间具有较强的线性关系。

2. 气泡图

普通散点图只能展示 2 个变量间的关系。对于 3 个变量之间的关系，除了可以绘制

三维散点图外，也可以绘制**气泡图**（bubble chart），它可以看作散点图的一个变种。在气泡图中，第 3 个变量数值的大小用气泡的大小表示。

以例 3 - 5 为例，设 x 表示人均地区生产总值，y 表示社会消费品零售总额，气泡的大小表示地方财政一般预算，绘制气泡图的代码和结果如代码框 3 - 15 所示。

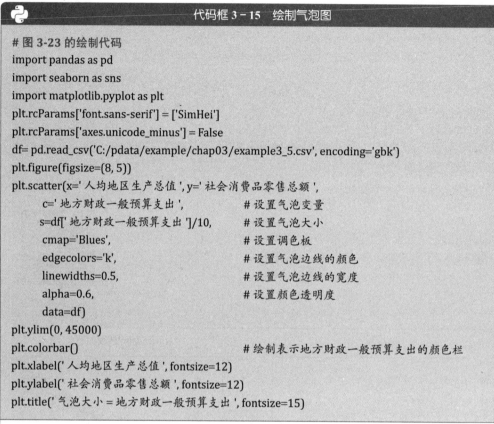

代码框 3 - 15　绘制气泡图

```python
# 图 3-23 的绘制代码
import pandas as pd
import seaborn as sns
import matplotlib.pyplot as plt
plt.rcParams['font.sans-serif'] = ['SimHei']
plt.rcParams['axes.unicode_minus'] = False
df= pd.read_csv('C:/pdata/example/chap03/example3_5.csv', encoding='gbk')
plt.figure(figsize=(8, 5))
plt.scatter(x=' 人均地区生产总值 ', y=' 社会消费品零售总额 ',
        c=' 地方财政一般预算支出 ',              # 设置气泡变量
        s=df[' 地方财政一般预算支出 ']/10,        # 设置气泡大小
        cmap='Blues',                           # 设置调色板
        edgecolors='k',                         # 设置气泡边线的颜色
        linewidths=0.5,                         # 设置气泡边线的宽度
        alpha=0.6,                              # 设置颜色透明度
        data=df)
plt.ylim(0, 45000)
plt.colorbar()                                  # 绘制表示地方财政一般预算支出的颜色栏
plt.xlabel(' 人均地区生产总值 ', fontsize=12)
plt.ylabel(' 社会消费品零售总额 ', fontsize=12)
plt.title(' 气泡大小 = 地方财政一般预算支出 ', fontsize=15)
```

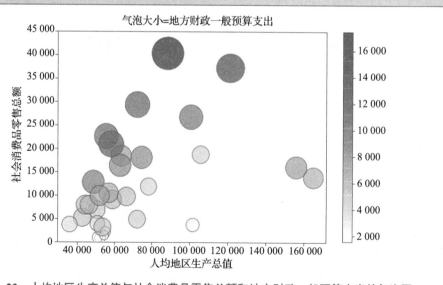

图 3 - 23　人均地区生产总值与社会消费品零售总额和地方财政一般预算支出的气泡图

图 3 – 23 显示，人均地区生产总值与社会消费品零售总额之间具有一定的线性关系，气泡的大小表示地方财政一般预算支出，可以看出，随着人均地区生产总值和社会消费品零售总额的增加，各气泡也会变大，表示地方财政一般预算支出与人均地区生产总值和社会消费品零售总额之间也具有一定的线性关系。

彩图 3 – 23

3.3.3 样本相似性可视化

假定一个集团公司在 10 个地区有销售分公司，每个公司都有销售人员数、销售额、销售利润、所在地区的人口数、当地的人均收入等数据。如果想知道 10 家分公司在上述几个变量上的差异或相似程度，该用什么图形进行展示呢？这里涉及 10 个样本的 5 个变量，显然无法用二维坐标进行展示。利用雷达图和轮廓图则可以比较 10 家分公司在各变量取值上的相似性。

1. 雷达图

从一个点出发，用每一条射线代表一个变量，多个变量的数据点连接成线，即围成一个区域，多个样本围成多个区域，就是雷达图，利用它也可以研究多个样本之间的相似程度。

例 3 – 6 （数据：example3_6）沿用例 3 – 1。绘制雷达图，比较不同地区的人均各项消费支出的特点和相似性。

解 绘制雷达图时，函数会将行变量作为样本。因此，要比较各地区的相似性，则可以直接使用表 3 – 1 的数据；比较各支出项目的相似性时，则需要先将表 3 – 1 的数据进行转置处理，也就是将地区放在行的位置，将支出项目放在列的位置。代码和结果如代码框 3 – 16 所示。

代码框 3 – 16　绘制雷达图

```
# 图 3-24 的绘制代码
import pandas as pd
import numpy as np
import matplotlib.pyplot as plt
plt.rcParams['font.sans-serif'] = ['SimHei']
df= pd.read_csv('C:/pdata/example/chap03/example3_1.csv', encoding='gbk')

labels=np.array(df[' 支出项目 '])                    # 设置标签
datalenth=8 # 数据长度

df1=np.array(df[' 北京 '])
df2=np.array(df[' 天津 '])
df3=np.array(df[' 上海 '])
df4=np.array(df[' 重庆 '])
```

```
angles=np.linspace(0, 2*np.pi, datalenth, endpoint=False)
df1=np.concatenate((df1, [df1[0]]))                          # 使雷达图闭合
df2=np.concatenate((df2, [df2[0]]))
df3=np.concatenate((df3, [df3[0]]))
df4=np.concatenate((df4, [df3[0]]))
angles=np.concatenate((angles, [angles[0]]))


plt.figure(figsize=(6, 6), facecolor='lightyellow')         # 画布背景色
plt.polar(angles, df1, 'r--', linewidth=1, label=' 北京 ')    # 红色虚线
plt.polar(angles, df2, 'b', linewidth=1, label=' 天津 ')      # 蓝色实线
plt.polar(angles, df3, 'k', linewidth=1, label=' 上海 ')      # 黑色实线
plt.polar(angles, df4, 'g', linewidth=1, label=' 重庆 ')      # 绿色实线
plt.thetagrids(range(0, 360, 45), labels)                   # 设置标签
plt.grid(linestyle='-', linewidth=0.5, color='gray', alpha=0.5) # 设置网格线
plt.legend(loc='upper right', bbox_to_anchor=(1.1, 1.1))    # 绘制图例并设置图例位置


plt.show()
```

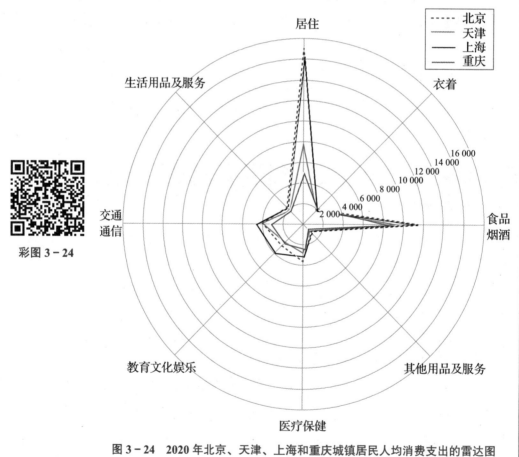

彩图 3-24

图 3-24 2020 年北京、天津、上海和重庆城镇居民人均消费支出的雷达图

```
# 图 3-25 的绘制代码
df= pd.read_csv('C:/pdata/example/chap03/df3_1.csv', encoding='gbk')        # 已将数据框转置处理
labels=np.array(df[' 地区 ']) # 设置标签
datalenth=4 # 数据长度

df1=np.array(df[' 食品烟酒 '])
df2=np.array(df[' 衣着 '])
df3=np.array(df[' 居住 '])
df4=np.array(df[' 生活用品及服务 '])
df5=np.array(df[' 交通通信 '])
df6=np.array(df[' 教育文化娱乐 '])
df7=np.array(df[' 医疗保健 '])
df8=np.array(df[' 其他用品及服务 '])

angles=np.linspace(0, 2*np.pi, datalenth, endpoint=False)
df1=np.concatenate((df1, [df1[0]]))                                          # 使雷达图闭合
df2=np.concatenate((df2, [df2[0]]))
df3=np.concatenate((df3, [df3[0]]))
df4=np.concatenate((df4, [df4[0]]))
df5=np.concatenate((df5, [df5[0]]))
df6=np.concatenate((df6, [df6[0]]))
df7=np.concatenate((df7, [df7[0]]))
df8=np.concatenate((df8, [df8[0]]))
angles=np.concatenate((angles, [angles[0]]))

plt.figure(figsize=(6, 6), facecolor='lightyellow')                         # 画布背景色
plt.polar(angles, df1, 'r--', linewidth=1, label=' 食品烟酒 ')              # 红色虚线
plt.polar(angles, df2, 'b--', linewidth=1, label=' 衣着 ')                  # 蓝色虚线
plt.polar(angles, df3, 'k', linewidth=1, label=' 居住 ')                    # 黑色实线
plt.polar(angles, df4, 'g', linewidth=1, label=' 重庆 ')                    # 绿色实线
plt.polar(angles, df5, 'g--', linewidth=1, label=' 生活用品及服务 ')        # 绿色虚线
plt.polar(angles, df6, 'k', linewidth=1, label=' 交通通信 ')               # 给色实线
plt.polar(angles, df7, 'k--', linewidth=1,label=' 医疗保健 ')              # 黑色虚线
plt.polar(angles, df8, 'b', linewidth=1, label=' 其他用品及服务 ')         # 蓝色实线

plt.thetagrids(range(0, 360, 90), labels)                                    # 设置标签
plt.grid(linestyle='-', linewidth=0.5, color='gray', alpha=0.5)             # 设置网格线
plt.legend(loc='upper left', bbox_to_anchor=(1, 1))                         # 绘制图例并设置图例位置
```

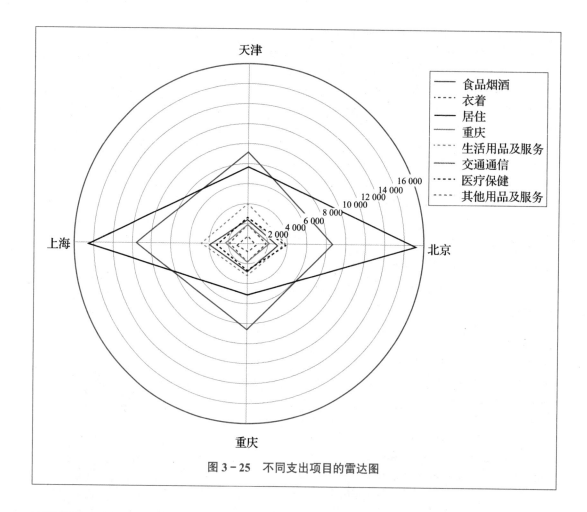

图 3 – 25　不同支出项目的雷达图

彩图 3 – 25

图 3 – 24 显示，四个地区人均各项消费支出中，居住支出相对较多，尤其是北京和上海的居住支出明显高于天津和重庆；食品烟酒支出其次，其他用品及服务支出最少。其次，上海的各项消费支出较高，其次是北京、天津和重庆。雷达图所围成的形状十分相似，说明四个地区的消费结构十分相似。图 3 – 25 显示，从雷达图围成的形状看，除居住支出外，其他几项支出在地区的构成上十分相似。

2. 轮廓图

轮廓图（outline chart）也称为平行坐标图或多线图，它是用 x 坐标表示各样本，y 坐标表示每个样本的多个变量的取值，将不同样本的同一个变量的取值用折线连接，即为轮廓图。

根据例 3 – 1 中的数据，将各项支出作为 x 轴，绘制轮廓图的代码和结果如代码框 3 – 17 所示。

代码框 3 – 17　绘制轮廓图

```
# 图 3-26 的绘制代码
import pandas as pd
import seaborn as sns
import matplotlib.pyplot as plt
plt.rcParams['font.sans-serif'] = ['SimHei']
df= pd.read_csv('C:/pdata/example/chap03/example3_1.csv', encoding='gbk')

plt.figure(figsize=(8, 5))
dfs=[df[' 北京 '], df[' 天津 '], df[' 上海 '], df[' 重庆 ']]
sns.lineplot(data=dfs, markers=True)
plt.xlabel(' 支出项目 ', size=12)
plt.ylabel(' 支出金额 ', size=12)
plt.xticks(range(8), df[' 支出项目 '])          # 添加 x 轴标签
```

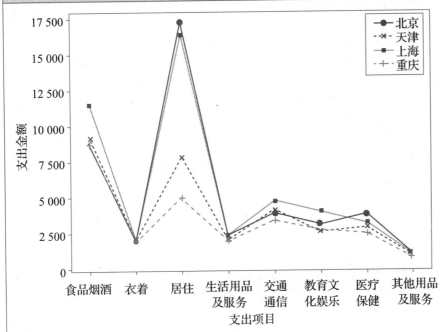

彩图 3 – 26

图 3 – 26　2020 年北京、天津、上海和重庆城镇居民人均消费支出的轮廓图

```
# 图 3-27 的绘制代码
df= pd.read_csv('C:/pdata/example/chap03/df3_1.csv', encoding='gbk')

plt.figure(figsize=(8, 6))
dfs=[df[' 食品烟酒 '], df[' 衣着 '], df[' 居住 '], df[' 生活用品及服务 '],
    df[' 交通通信 '], df[' 教育文化娱乐 '], df[' 医疗保健 '], df[' 其他用品及服务 ']]

sns.lineplot(data=dfs, markers=True)
```

```
plt.xlabel(' 支出项目 ', size=12)
plt.ylabel(' 支出金额 ', size=12)
plt.xticks(range(4), df[' 地区 '])                # 添加 x 轴标签
```

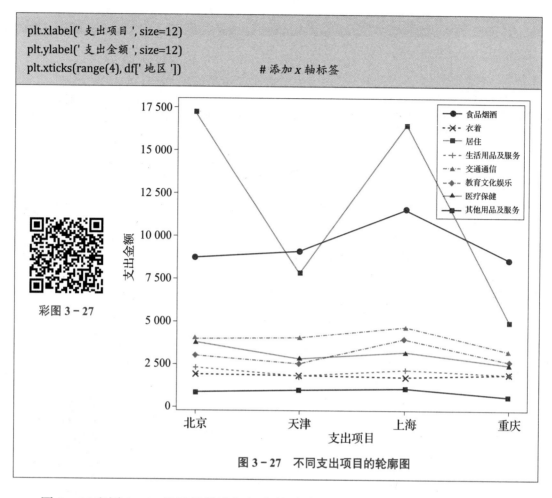

彩图 3－27

图 3－27　不同支出项目的轮廓图

　　图 3－26 和图 3－27 显示的结论与相应的雷达图一致，即除居住支出外，4 个地区在各项消费支出的结构上十分相似，而各项支出在不同地区的构成上也十分相似。

3.4　时间序列可视化

　　时间序列（见第 7 章）是一种常见的数据形式，它是在不同时间点上记录的一组数据，如各年份的国内生产总值（GDP）数据、各月份的消费者价格指数（CPI）数据、一年中各交易日的股票价格指数收盘数据等。通过可视化，可以观察时间序列的变化模式和特征。时间序列的可视化图形有多种，其中最基本的是**折线图**（line chart）和**面积图**（area chart）。

3.4.1　折线图

　　折线图是描述时间序列最基本的图形，它主要用于观察和分析时间序列随时间变化的形态和模式。折线图的 x 轴是时间，y 轴是变量的观测值。

例 3 - 7（数据：example3_7）2000—2020 年我国城镇居民和农村居民的消费水平数据见表 3 - 5。绘制折线图分析居民消费水平的变化特征。

表 3 - 5　2000—2020 年我国城镇居民和农村居民的消费水平　　　　（单位：元）

年份	城镇居民消费水平	农村居民消费水平
2000	6 972	1 917
2001	7 272	2 032
2002	7 662	2 157
2003	7 977	2 292
2004	8 718	2 521
2005	9 637	2 784
2006	10 516	3 066
2007	12 217	3 538
2008	13 722	3 981
2009	14 687	4 295
2010	16 570	4 782
2011	19 219	5 880
2012	20 869	6 573
2013	22 620	7 397
2014	24 430	8 365
2015	26 119	9 409
2016	28 154	10 609
2017	30 323	12 145
2018	32 483	13 985
2019	34 900	15 382
2020	34 033	16 063

解　绘制折线图的代码和结果如代码框 3 - 18 所示。

代码框 3 - 18　绘制折线图

```
# 图 3-28 的绘制代码
import pandas as pd
import matplotlib.pyplot as plt
plt.rcParams['font.sans-serif'] = ['SimHei']
df= pd.read_csv('C:/pdata/example/chap03/example3_7.csv', encoding='gbk')
```

```
df[' 年份 ']=pd.to_datetime(df[' 年份 '], format='%Y')    # 将数据转换为日期类型
df=df.set_index(' 年份 ')                                  # 将日期设置为索引（index）


# 绘制折线图
df.plot(kind='line', figsize=(7, 5), grid=True,
        stacked=False,                                    # 绘制折线图时，默认 stacked=False
        linewidth=1,
        marker='o', markersize=6,
        xlabel=' 年份 ', ylabel=' 居民消费水平 ')
```

彩图 3 - 28

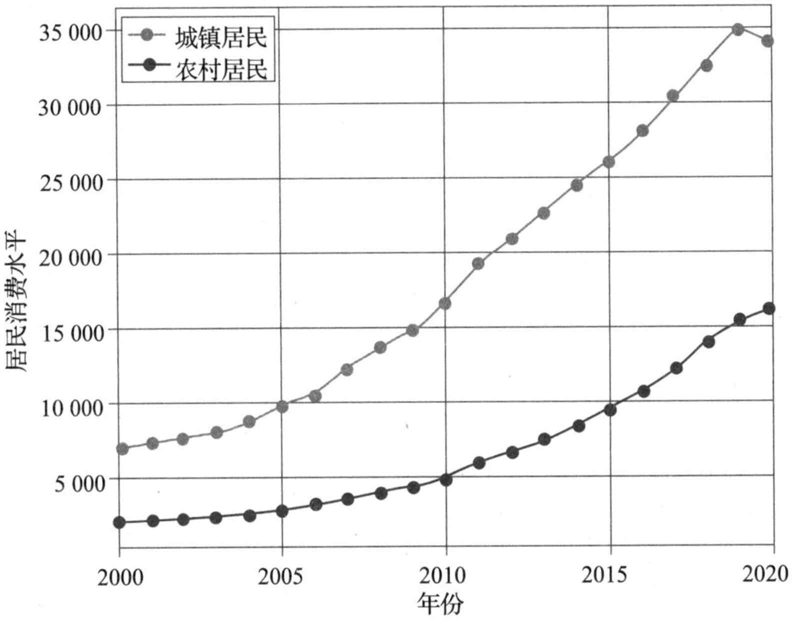

图 3 - 28   2000—2020 年我国城镇居民和农村居民消费水平的折线图

图 3 - 28 显示，无论是城镇居民还是农村居民，消费水平都有逐年增长的趋势，而城镇居民消费水平各年均高于农村居民，而且，随着时间的推移二者的差距有进一步扩大的趋势。

3.4.2　面积图

面积图是在折线图的基础上绘制的，它将折线与 x 轴之间的区域用颜色填充，填充的区域即为面积。面积图不仅美观，而且能更好地展示时间序列变化的特征和模式。将多个时间序列绘制在一幅图中时，序列数不宜太多，否则图形之间会相互遮盖，看起来会很乱。当序列较多时，可以将每个序列单独绘制一幅图。

沿用例 3 - 7，绘制面积图的代码和结果如代码框 3 - 19 所示。

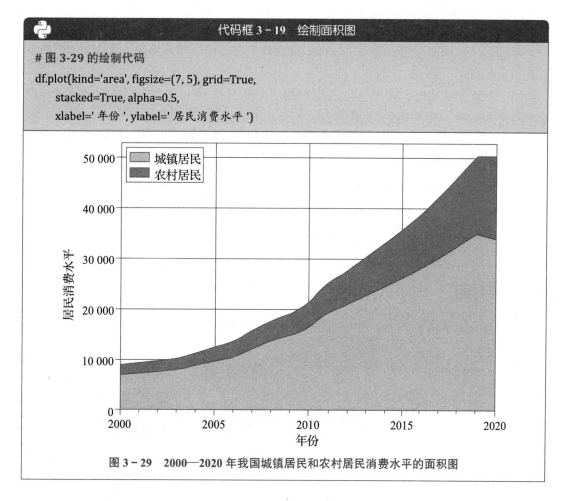

代码框 3－19　绘制面积图

```
# 图 3-29 的绘制代码
df.plot(kind='area', figsize=(7, 5), grid=True,
    stacked=True, alpha=0.5,
    xlabel=' 年份 ', ylabel=' 居民消费水平 ')
```

图 3－29　2000—2020 年我国城镇居民和农村居民消费水平的面积图

图 3－29 中的面积大小与相应的数据大小成正比。

3.5　合理使用图表

统计图表是展示数据的有效方式。在日常生活中，我们在报刊杂志、电视、网页中都能看到大量的统计图表。统计表把杂乱的数据有条理地组织在一张简明的表格内，统计图把数据形象地展示出来。显然，看统计图表要比看那些枯燥的数字更有趣，也更容易理解。合理使用统计图表是做好统计分析的最基本技能。

使用图表的目的是让别人更容易看懂和理解数据。一张精心设计的图表可以有效地把数据呈现出来。使用计算机可以很容易地绘制出漂亮的图表，但需要注意的是，初学者往往会在图形的修饰上花费太多的时间和精力，而不注意对数据的表达。这样做得不偿失，也未必合理，或许会画蛇添足。

精心设计的图表可以准确表达数据所要传递的信息。可视化分析需要清楚三个基本问题，即数据类型、分析目的和实现工具。数据类型决定你可以画出什么图形；分析目

的决定你需要画出什么图形；实现工具决定你能够画出什么图形。设计图表时，应绘制得尽可能简洁，以能够清晰地显示数据、合理地表达统计目的为依据。合理使用图表要注意以下几点：

（1）在制作图表时，应避免一切不必要的修饰。过于花哨的修饰往往会使人注重图表本身，而忽略了图表所要表达的信息。

（2）图形的比例应合理。一般而言，一张图形通常为 10∶7 或 4∶3 的一个矩形，过长或过高的图形都有可能歪曲数据，给人留下错误的印象。

（3）图表应有编号和标题。编号一般使用阿拉伯数字，如表 1、表 2 等。图表的标题应明示表中数据所属的时间（when）、地点（where）和内容（what），即通常所说的"3W"准则。表的标题通常放在表的上方；图的标题可放在图的上方，也可放在图的下方。

思维导图

下面的思维导图展示了本章介绍的数据可视化分析框架。

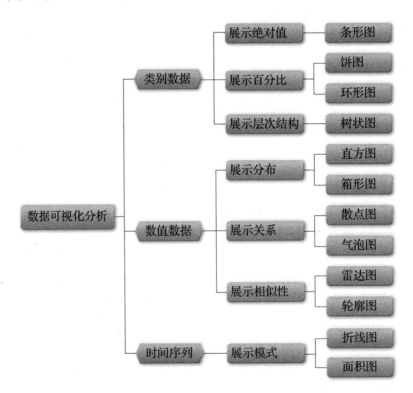

思考与练习

一、思考题

1. 帕累托图与简单条形图有何不同？

2. 直方图的主要用途是什么? 它与条形图有什么区别?

3. 饼图与环形图有什么不同?

4. 树状图的主要用途是什么?

5. 雷达图和轮廓图的主要用途是什么?

6. 使用图表时应注意哪些问题?

二、练习题

1. 为研究不同地区的消费者对网上购物的满意度, 随机抽取东部、中部和西部的1 000个消费者进行调查, 得到的结果见下表。

满意度	东部	中部	西部	总计
非常满意	82	93	83	258
比较满意	72	52	76	200
一般	137	120	91	348
不满意	51	35	37	123
非常不满意	28	25	18	71
总计	370	325	305	1 000

绘制以下图形并进行分析:

(1) 根据东部地区的满意度数据, 绘制简单条形图、帕累托图、瀑布图、漏斗图和饼图。

(2) 根据东部地区和西部地区的满意度数据, 绘制簇状条形图、堆积条形图和环形图。

(3) 根据东部、中部和西部地区的满意度数据, 绘制百分比条形图。

(4) 根据东部、中部和西部地区的满意度数据, 绘制树状图。

(5) 根据东部、中部和西部地区的满意度数据, 绘制雷达图和轮廓图。

2. 下表是随机调查的40名学生及其父母的身高数据 (单位: cm)。

子女身高	父亲身高	母亲身高	子女身高	父亲身高	母亲身高
171	166	158	155	165	157
174	171	158	161	182	165
177	179	168	166	166	156
178	174	160	170	178	160
180	173	162	158	173	160
181	170	160	160	170	165
159	168	153	160	171	150

续表

子女身高	父亲身高	母亲身高	子女身高	父亲身高	母亲身高
169	168	153	162	167	158
170	170	167	165	175	160
170	170	160	168	172	162
175	172	160	170	168	163
175	175	165	153	163	152
178	174	160	156	168	155
173	170	160	158	174	155
181	178	165	160	170	162
164	175	161	162	170	158
167	163	166	163	173	160
168	168	155	165	172	161
170	170	160	166	181	158
170	172	158	170	180	165

（1）绘制子女身高的直方图，分析其分布特征。

（2）绘制子女身高、父亲身高和母亲身高的箱形图，分析其分布特征。

（3）分别绘制子女身高与父亲身高和母亲身高的散点图，说明他们之间的关系。

（4）以子女身高作为气泡大小，绘制气泡图，分析子女身高与父亲身高和母亲身高的关系。

3. 下表是 2011—2020 年我国的居民消费价格指数和工业生产者出厂价格指数数据，绘制折线图和面积图分析二者的变化特征。

年份	居民消费价格指数（上年 =100）	工业生产者出厂价格指数（上年 =100）
2011	105.4	106.0
2012	102.6	98.3
2013	102.6	98.1
2014	102.0	98.1
2015	101.4	94.8
2016	102.0	98.6
2017	101.6	106.3
2018	102.1	103.5
2019	102.9	99.7
2020	102.5	98.2

第 *4* 章

数据的描述分析

学习目标

▶ 掌握各描述统计量的特点和应用场合。

▶ 能使用 Python 函数计算各描述统计量。

▶ 能利用各统计量分析数据并能对结果进行合理解释。

课程思政目标

▶ 数据的描述性分析主要是利用各种统计量来概括数据的特征，要根据各统计量的特点和应用条件进行合理使用和分析。

▶ 描述性分析要结合我国的宏观经济形势和社会数据，分析社会和经济发展的成就以及公平与合理程度，避免以偏概全等不恰当应用。

如果你有一个班级中 50 名学生的考试分数数据，利用图表可以对考试分数分布的情况和特征有一个大致的了解，但仅仅知道这些还不够。如果你知道全班学生的平均考试成绩是 80 分，标准差是 10 分，就会对全班学生的学习情况有一个概括性的了解。这里的平均数和标准差就是描述数据数值特征的统计量[①]。数据的描述分析就是利用统计量来概括数据的特征。对于一组数据，描述分析通常需要从三个角度同时进行：一是数据水平的描述，反映数据的集中程度；二是数据差异的描述，反映各数据的离散程度；三是数据分布形状的描述，反映数据分布的偏度和峰度。本章介绍各统计描述量的特点和应用场合，并结合 Python 进行分析。

4.1 数据水平的描述

数据的水平是指其取值的大小。描述数据的水平也就是找到一组数据中心点所在的位置，用它来代表这一组数据，这就是数据的概括性度量。描述数据水平的统计量主要

---

① 有关统计量的详细解释见第 5 章。

有平均数、分位数和众数等。

4.1.1 平均数

平均数（average）也称**均值**（mean），它是一组数据相加后除以数据的个数得到的结果。平均数是分析数据水平的常用统计量，在参数估计和假设检验中也经常用到。

设一组样本数据为 $x_1, x_2, \cdots, x_n$，样本量（样本数据的个数）为 n，则样本平均数用 $\bar{x}$（读作 x-bar）表示，计算公式为[①]

$$\bar{x} = \frac{x_1 + x_2 + \cdots + x_n}{n} = \frac{\sum_{i=1}^{n} x_i}{n} \tag{4.1}$$

式（4.1）也称为**简单平均数**（simple average）。

例 4-1 （数据：example4_1）随机抽取 30 名大学生，得到他们在"双十一"期间的网购金额见表 4-1。计算 30 名大学生的平均网购金额。

表 4-1　30 名大学生的网购金额　　　　　　　　（单位：元）

479.0	721.2	672.4	728.7	443.2	381.3
527.0	500.0	586.0	500.0	528.2	633.8
705.9	423.5	590.1	353.6	447.4	565.3
557.1	481.3	561.1	620.1	477.1	436.2
562.9	505.1	515.4	502.7	487.5	675.4

解　根据式（4.1）有：

$$\bar{x} = \frac{479.0 + 721.2 + \cdots + 487.5 + 675.4}{30} = \frac{16\,168.5}{30} = 538.95 \text{（元）}$$

使用 pandas 模块中 DataFrame 的内置方法、numpy 模块中的 average 函数等均可以计算平均数，代码和结果如代码框 4-1 所示。

代码框 4-1　计算 30 名大学生网购金额的平均数

```
# 使用 pandas 模块中 DataFrame 的内置方法
import pandas as pd
example4_1 = pd.read_csv('C:/pdata/example/chap04/example4_1.csv', encoding='gbk')
pd.DataFrame.mean(example4_1)              # 或写成 example3_1[' 分数 '].mean()

网购金额 538.95
dtype: float64
```

注：dtype 表示输出结果的数据类型；float64 表示浮点值（带小数点的值）64 位。

[①]　如果有总体的全部数据 $x_1, x_2, \cdots, x_N$，总体均数用 μ 表示，其计算公式为：$\mu = \frac{x_1 + x_2 + \cdots + x_N}{N} = \frac{\sum_{i=1}^{N} x_i}{N}$。

如果样本数据被分成 k 组，各组的组中值（一个组中的中间值，即组的下限值与上限值的平均数）分别用 $m_1, m_2, \cdots, m_k$ 表示，各组的频数分别用 $f_1, f_2, \cdots, f_k$ 表示，则样本平均数的计算公式为：

$$\bar{x} = \frac{m_1 f_1 + m_2 f_2 + \cdots + m_k f_k}{f_1 + f_2 + \cdots + f_k} = \frac{\sum\limits_{i=1}^{k} m_i f_i}{n} \tag{4.2}$$

式（4.2）也称为**加权平均数**（weighted average）[①]。

例 4-2（数据：example4_2）假定将表 4-1 的数据分成组距为 50 的组，分组结果见表 4-2，计算网购金额的平均数。

表 4-2　30 名大学生网购金额的分组表

分组	组中值	人数
350～400	375	2
400～450	425	4
450～500	475	4
500～550	525	7
550～600	575	6
600～650	625	2
650～700	675	2
700～750	725	3
合计	—	30

解　计算过程见表 4-3。

表 4-3　30 名大学生网购金额的加权平均数计算表

分组	组中值（m_i）	人数（f_i）	$m_i \times f_i$
350～400	375	2	750
400～450	425	4	1 700
450～500	475	4	1 900
500～550	525	7	3 675
550～600	575	6	3 450
600～650	625	2	1 250
650～700	675	2	1 350
700～750	725	3	2 175
合计	—	30	16 250

---

① 如果总体数据被分成 k 组，各组的组中值分别用 $M_1, M_2, \cdots, M_k$ 表示，各组数据出现的频数分别用 $f_1, f_2, \cdots, f_k$ 表示，则总体加权平均数的计算公式为：$\mu = \dfrac{M_1 f_1 + M_2 f_2 + \cdots + M_k f_k}{f_1 + f_2 + \cdots + f_k} = \dfrac{\sum\limits_{i=1}^{k} M_i f_i}{N}$。

根据式（4.2）得：

$$\bar{x} = \frac{\sum_{i=1}^{n} m_i f_i}{n} = \frac{16\,250}{30} = 541.666\,7\ （元）$$

计算加权平均数的代码和结果如代码框 4－2 所示。

代码框 4－2　计算 30 名大学生网购金额的加权平均数

```
# 使用 numpy 中的 average 函数
import pandas as pd
import numpy as np
example4_2 = pd.read_csv('C:/pdata/example/chap04/example4_2.csv', encoding='gbk')
m=example4_2[' 组中值 ']
f=example4_2[' 人数 ']
wm=np.average(a=m, weights=f)              # 计算加权平均数
print(' 加权平均数 =', round(wm, 4))        # 打印结果并保留 4 位小数
```

加权平均数 = 541.6667

4.1.2　分位数

一组数据按从小到大排序后，找出排在某个位置上的数值，用该数值可以代表数据水平的高低。这些位置上的数值称为**分位数**（quantile），其中有中位数、四分位数、百分位数等。

1. 中位数

中位数（median）是一组数据排序后处在中间位置上的数值，用 M_e 表示。中位数是用一个点将全部数据等分成两部分，每部分包含 50% 的数据，一部分数据比中位数大，另一部分比中位数小。中位数是用中间位置上的值代表数据的水平，其特点是不受极端值的影响，在研究收入分配时很有用。

计算中位数时，要先对 n 个数据从小到大进行排序，然后确定中位数的位置，最后确定中位数的具体数值。如果位置是整数值，中位数就是该位置所对应的数值；如果位置是整数加 0.5 的数值，中位数就是该位置两侧值的平均值。

设一组数据 $x_1, x_2, \cdots, x_n$ 按从小到大排序后为 $x_{(1)}, x_{(2)}, \cdots, x_{(n)}$，则中位数就是 $(n+1)/2$ 位置上的值。计算公式为：

$$M_e = \begin{cases} x_{\left(\frac{n+1}{2}\right)} & n\text{为奇数} \\ \dfrac{1}{2}\left\{ x_{\left(\frac{n}{2}\right)} + x_{\left(\frac{n}{2}+1\right)} \right\} & n\text{为偶数} \end{cases} \tag{4.3}$$

例 4 - 3 （数据：example4_1）沿用例 4 - 1。计算 30 名大学生网购金额的中位数。

解 首先，将 30 名大学生的网购金额数据排序，然后确定中位数的位置：(30+1)÷2=15.5，中位数是排序后的第 15.5 位置上的数值，即中位数在第 15 个数值（515.4）和第 16 个数值（527.0）中间（0.5）的位置上。因此该中位数 =(515.4+527.0)/2=521.2。

使用 pandas 中的 df.median() 函数和 numpy 中的 np.median() 函数均可以计算中位数。使用 pandas 中的 median 函数计算中位数的代码和结果如代码框 4 - 3 所示。

代码框 4 - 3　计算 30 名大学生网购金额的中位数

```
import pandas as pd
example4_1 = pd.read_csv('C:/pdata/example/chap04/example4_1.csv', encoding='gbk')
example4_1[' 网购金额 '].median()
```

521.2

注：使用 numpy 包中的 median 函数也可以计算中位数，代码 np.median(example4_1[' 网购金额 ']) 得到相同的结果。

---

2. 四分位数

四分位数（quartile）是一组数据排序后处于 25% 和 75% 位置上的数值。它是用 3 个点将全部数据等分为 4 部分，其中每部分包含 25% 的数据。很显然，中间的四分位数就是中位数，因此通常所说的四分位数是指处在 25% 位置上和处在 75% 位置上的两个数值。

与中位数的计算方法类似，计算四分位数时，首先对数据进行排序，然后确定四分位数所在的位置，该位置上的数值就是四分位数。与中位数不同的是，四分位数位置的确定方法有多种，每种方法得到的结果可能会有一定差异，但差异不会很大（一般相差不会超过一个位次）。由于不同软件使用的计算方法可能不一样，因此，对同一组数据用不同软件得到的四分位数结果也可能会有所差异，但通常不会影响分析的结论。

设 25% 位置上的四分位数为 $Q_{25\%}$，75% 位置上的四分位数为 $Q_{75\%}$，Python 默认的计算四分位数位置的公式为：

$$Q_{25\%} 位置 = \frac{n+3}{4}, \quad Q_{75\%} 位置 = \frac{3n+1}{4} \tag{4.4}$$

如果位置是整数，四分位数就是该位置对应的数值；如果是在整数加 0.5 的位置上，则取该位置两侧数值的平均数；如果是在整数加 0.25 或 0.75 的位置上，则四分位数等于该位置前面的数值加上按比例分摊的位置两侧数值的差值。

例 4 - 4 （数据：example4_1）沿用例 4 - 1。计算 30 名大学生网购金额的四分位数。

解 先对 30 个数据从小到大进行排序，然后计算出四分位数的位置：

$$Q_{25\%} \text{位置} = \frac{30+3}{4} = 8.25 \text{ , } Q_{75\%} \text{位置} = \frac{3\times30+1}{4} = 22.75$$

$Q_{25\%}$ 在第 8 个数值（479.0）和第 9 个数值（481.3）之间 0.25 的位置上，故 $Q_{25\%} = 479.0 + 0.25 \times (481.3 = 479.0) = 479.575$ 。

$Q_{75\%}$ 在第 22 个数值（586.0）和第 23 个数值（590.1）之间 0.75 的位置上，故 $Q_{25\%} = 586.0 + 0.75 \times (590.1 - 586.0) = 589.075$ 。

由于在 $Q_{25\%}$ 和 $Q_{75\%}$ 之间大约包含了 50% 的数据，因而就上面 30 名大学生的网购金额而言，可以说大约有一半学生的网购金额在 479.575 元和 589.075 元之间。

使用 numpy 中的 quantile 函数、pandas 中 DataFrame 的内置函数 quantile 均可以计算四分位数，代码和结果如代码框 4 - 4 所示。

代码框 4 - 4　计算 30 名大学生网购金额的四分位数

```
import numpy as np
example4_1 = pd.read_csv('C:/pdata/example/chap04/example4_1.csv', encoding='gbk')
np.quantile(example4_1[' 网购金额 '], q=[0.25, 0.75], interpolation='linear')
```

```
array([479.575, 589.075])
```

注：quantile 函数的默认算法是采用线性插值，即按式（4.4）计算四分位数的位置。该算法与 R 软件默认的算法及 Excel 算法相同。

---

3. 百分位数

百分位数（percentile）是用 99 个点将数据分成 100 等分，处于各分位点上的数值就是百分位数。百分位数提供了各项数据在最小值和最大值之间分布的信息。

与四分位数类似，百分位数也有多种算法，每种算法的结果不尽相同，但差异不会很大。设 $P_{i\%}$ 为第 i 个百分位数，Python 默认的第 i 个百分位数的位置公式为：

$$P_{i\%} \text{位置} = \frac{i}{100} \times (n-1) \tag{4.5}$$

如果位置是整数，百分位数就是该位置对应的数值；如果位置不是整数，百分位数等于该位置前面的数值加上按比例分摊的位置两侧数值的差值。显然，中位数就是第 50 个百分位数 $P_{50\%}$ ， $Q_{25\%}$ 和 $Q_{75\%}$ 就是第 25 个百分位数 $P_{25\%}$ 和第 75 个百分位数 $P_{75\%}$ 。

例 4 - 5　（数据：example4_1）沿用例 4 - 1。计算 30 名大学生网购金额的第 5 个和第 90 个百分位数。

解　先对 30 个数据从小到大进行排序，然后计算出百分位数的位置。根据式（4.5），第 5 个百分位数的位置为：

$$P_{5\%} \text{位置} = \frac{5}{100} \times (30-1) = 1.45$$

Excel 将排序后的第 1 个数值位置设定为 0，最后一个数值位置设定为 1。因此，第 5 个百分位数在第 2 个值（381.3）和第 3 个值（423.5）之间 0.45 的位置上，因此 $P_{5\%} = 381.3 + 0.45 \times (423.5 - 381.3) = 400.29$。

第 90 个百分位数的位置为：

$$P_{90\%} \text{位置} = \frac{90}{100} \times (30 - 1) = 26.1$$

因此，第 90 个百分位数在第 27 个值（675.4）和第 28 个值（705.9）之间 0.1 的位置上，因此 $P_{5\%} = 675.4 + 0.1 \times (705.9 - 675.4) = 678.45$。

使用 numpy 模块中的 quantile 函数可以计算百分位数，代码和结果如代码框 4-5 所示。

代码框 4-5　计算 30 名大学生网购金额的百分位数

```
import numpy as np
example4_1 = pd.read_csv('C:/pdata/example/chap04/example4_1.csv', encoding='gbk')
np.quantile(example4_1, q=[0.05, 0.9], interpolation='linear')
```

```
array([400.29, 678.45])
```

4.1.3　众数

众数（mode）是一组数据中出现频数最多的数值，用 M_0 表示。众数主要用于描述类别数据的频数，通常不用于数值数据。比如，赞成的人数为 100，反对的人数为 30，保持中立的人数为 70，众数就是"赞成"。对于数值数据，只有在数据量较大时众数才有意义。从数值数据分布的角度看，众数是一组数据分布的峰值点所对应的数值。如果数据的分布没有明显的峰值，众数也可能不存在；如果有两个或多个峰值，也可以有两个或多个众数。

例 4-6　（数据：example4_1）沿用例 4-1。计算 30 名大学生网购金额的众数。

解　pandas 中的 DataFrame.mode() 函数、scipy.stats 中的 stats.mode() 函数均可用于计算众数，其中 stats.mode() 函数还可以列出众数的数值个数。计算众数的代码和结果如代码框 4-6 所示。

代码框 4-6　计算 30 名大学生网购金额的众数

```
# 使用 DataFrame.mode() 函数计算众数
import pandas as pd
example4_1 = pd.read_csv('C:/pdata/example/chap04/example4_1.csv', encoding='gbk')
mode=example4_1[' 网购金额 '].mode()          # 或写成 pd.DataFrame.mode(example3_1)
print(mode)
```

```
0   500.0
dtype: float64
```

```
# 使用 stats.mode() 函数计算众数
from scipy import stats
mode=stats.mode(example4_1[' 网购金额 '])
print(mode)
```

```
ModeResult(mode=array([500.]), count=array([2]))
```

注：count=array([3]) 表示众数值的频数为 2，即众数值 500 有 2 个。

平均数、分位数和众数是描述数据水平的几个主要统计量，实际应用中，用哪个统计量来代表一组数据的水平，取决于数据的分布特征。平均数易被多数人理解和接受，实际中用得也较多，但其缺点是易受极端值的影响。当数据的分布对称或偏斜程度不是很大时，可选择使用平均数。对于严重偏斜分布的数据，平均数的代表性较差。由于中位数不受极端值的影响，因此，当数据分布的偏斜程度较大时，可以考虑选择中位数，这时它的代表性要比平均数好。

4.2 数据差异的描述

假定有甲、乙两个地区，甲地区的年人均收入为 30 000 元，乙地区的年人均收入为 25 000 元。你如何评价两个地区的收入状况？如果年平均收入的多少代表了该地区的生活水平，你能否认为甲地区所有人的平均生活水平就高于乙地区呢？要回答这些问题，首先需要弄清楚这里的平均收入是否能代表大多数人的收入水平。如果甲地区有少数几个个收入很高，而大多数人的收入都很低，虽然平均收入很高，但多数人生活水平仍然很低。相反，如果乙地区多数人的收入水平都在 25 000 元左右，虽然平均收入看上去不如甲地区，但多数人的生活水平却比甲地区高，原因是甲地区的收入离散程度大于乙地区。这个例子表明，仅仅知道数据取值的大小是不够的，还必须考虑数据之间的差异有多大。数据之间的差异就是数据的离散程度。数据的离散程度越大，各水平统计量对该组数据的代表性就越差；离散程度越小，其代表性就越好。

描述数据离散程度的统计量主要有极差、四分位差、方差和标准差以及测度相对离散程度的离散系数等。

4.2.1 极差和四分位差

1. 极差

极差（range）是一组数据的最大值与最小值之差，也称全距，用 R 表示。计算公

式为:

$$R = \max(x) - \min(x) \tag{4.6}$$

由于极差只是利用了一组数据两端的信息,容易受极端值的影响,因而不能全面反映数据的差异状况。极差在实际中很少单独使用,通常作为分析数据离散程度的一个参考值。

2. 四分位差

四分位差也称四分位距(inter-quartile range),它是一组数据 75% 位置上的四分位数与 25% 位置上的四分位数之差,也就是中间 50% 数据的极差。用 IQR 表示四分位差,计算公式为:

$$IQR = Q_{75\%} - Q_{25\%} \tag{4.7}$$

四分位差反映了中间 50% 数据的离散程度;其数值越小,说明中间的数据越集中,数值越大,说明中间的数据越分散。四分位差不受极值的影响。此外,由于中位数处于数据的中间位置,因此,四分位差的大小在一定程度上也说明了中位数对一组数据的代表程度。

例 4 - 7　(数据: example4_1. csv)沿用例 4 - 1。计算 30 名大学生网购金额的极差和四分位差。

解　计算极差和四分位差的代码和结果如代码框 4 - 7 所示。

代码框 4 - 7　计算 30 名大学生网购金额的极差和四分位差

```
# 计算极差
import pandas as pd
example4_1 = pd.read_csv('C:/pdata/example/chap04/example4_1.csv', encoding='gbk')
R=example4_1[' 网购金额 '].max()-example4_1[' 网购金额 '].min()
print(' 极差 =', R)
```

极差 = 375.1

```
# 计算四分位差
import numpy as np
IQR=np.quantile(example4_1[' 网购金额 '], q=0.75) - np.quantile(example4_1[' 网购金额 '], q=0.25)
print('IQR =', round(IQR, 2))
```

IQR = 109.5

4.2.2　方差和标准差

如果考虑每个数据 x_i 与其平均数 $\bar{x}$ 之间的差异,以此作为一组数据离散程度的度量,结果就要比极差和四分位差更为全面和准确。这就需要求出每个数据 x_i 与其平均数

$\bar{x}$ 离差的平均数。但由于 $(x_i - \bar{x})$ 之和等于 0，因此需要进行一定的处理。一种方法是将离差取绝对值，求和后再平均，这一结果称为**平均差**（mean deviation）或**平均绝对离差**（mean absolute deviation）；另一种方法是将离差平方后再求平均数，这一结果称为**方差**（variance）。方差开方后的结果称为**标准差**（standard deviation）。方差（或标准差）是实际中应用最广泛的测度数据离散程度的统计量。

设样本方差为 s^2，根据原始数据计算样本方差的公式为：

$$s^2 = \frac{\sum_{i=1}^{n}(x_i - \bar{x})^2}{n-1} \tag{4.8}$$

样本标准差的计算公式为：

$$s = \sqrt{\frac{\sum_{i=1}^{n}(x_i - \bar{x})^2}{n-1}} \tag{4.9}$$

如果原始数据被分成 k 组，各组的组中值分别为 m_1，m_2，…，m_k，各组的频数分别为 f_1，f_2，…，f_k，则加权样本方差的计算公式为 [①]：

$$s^2 = \frac{\sum_{i=1}^{k}(m_i - \bar{x})^2 f_i}{n-1} \tag{4.10}$$

加权样本标准差的计算公式为：

$$s = \sqrt{\frac{\sum_{i=1}^{k}(m_i - \bar{x})^2 f_i}{n-1}} \tag{4.11}$$

与方差不同的是，标准差具有量纲，它与原始数据的计量单位相同，其实际意义要比方差清楚。因此，在对实际问题进行分析时通常使用标准差。

例 4-8 （数据：example4_1.csv）沿用例 4-1。计算 30 名大学生网购金额的方差和标准差。

解 根据式（4.8）得：

$$s^2 = \frac{(479.0 - 538.95)^2 + (721.2 - 538.95)^2 + \cdots + (675.4 - 538.95)^2}{30-1} = 9\,529.681$$

标准差为：$\sqrt{9\,529.68} = 97.620\,09$。结果表示每个学生的网购金额与平均数相比平均

---

① 对于总体的 N 个数据，总体方差（population variance）用 σ^2 表示，计算公式为 $\sigma^2 = \dfrac{\sum_{i=1}^{N}(x_i - \mu)^2}{N}$。对于分组数据，总体加权方差的计算公式为 $\sigma^2 = \dfrac{\sum_{i=1}^{k}(M_i - \mu)^2 f_i}{N}$。开平方后即得到总体的加权标准差。注意：总体方差通常是不知道的，都是用样本方差 s^2 来推断的。

相差 97.620 09 元。

使用 pandas 中的 var 函数、numpy 中的 var 函数可以计算一组数据的方差，使用 pandas 中的 sdstd 函数可以计算一组数据的标准差，代码和结果如代码框 4 - 8 所示。

代码框 4 - 8　计算 30 名大学生网购金额的方差和标准差

```
# 计算方差
import pandas as pd
example4_1 = pd.read_csv('C:/pdata/example/chap04/example4_1.csv', encoding='gbk')
var = example4_1[' 网购金额 '].var(ddof=1)    # 计算方差
print(' 方差 =', round(var, 4))
```

方差 = 9529.6812

```
# 计算标准差
sd=example4_1[' 网购金额 '].std()
print(' 标准差 =', round(sd, 4))             # 结果保留 2 位小数
```

标准差 = 97.6201

注：方差和标准差的自由度由函数的参数 ddof（自由度）设置，不同函数的默认设置不同。numpy 中的函数默认 ddof=0，即分母是 n 而非 n-1，pandas 中的函数默认 ddo=1，即自由度为 n-1。

如果是分组数据，则需要计算加权方差或标准差。

例 4 - 9（数据：example4_2. csv）沿用例 4 - 2。根据表 4 - 2 的分组数据，计算网购金额的加权标准差。

解　根据例 4 - 2 计算的平均数为 541.666 7。标准差计算过程见表 4 - 4。

表 4 - 4　30 名大学生网购金额分组数据的加权标准差计算表

分组	组中值（m_i）	人数（f_i）	$(m_i - \bar{x})^2$	$(m_i - \bar{x})^2 f$
350 ~ 400	375	2	27 777.79	55 555.58
400 ~ 450	425	4	13 611.12	54 444.48
450 ~ 500	475	4	4 444.45	17 777.80
500 ~ 550	525	7	277.78	1 944.45
550 ~ 600	575	6	1 111.11	6 666.65
600 ~ 650	625	2	6 944.44	13 888.88
650 ~ 700	675	2	17 777.77	35 555.54
700 ~ 750	725	3	33 611.10	100 833.30
合计	—	30	105 555.55	286 666.67

根据式（4.10）得：

$$s = \sqrt{\dfrac{\sum\limits_{i=1}^{k}(m_i - \overline{x})^2 f_i}{n-1}} = \sqrt{\dfrac{286\,666.67}{30-1}} = 99.423\,6$$

计算加权标准差的代码和结果如代码框 4 - 9 所示。

代码框 4 - 9　计算 30 名大学生网购金额的加权标准差

```
import pandas as pd
import numpy as np
df = pd.read_csv('C:/pdata/example/chap04/example4_2.csv', encoding='gbk')

m=df[' 组中值 ']
f=df[' 人数 ']
wm=np.average(a=m, weights=f)          # 计算加权平均数
var=sum((((m-wm)**2)*f)/(30-1)         # 计算方差
sd=pow(var, 1/2)                        # 计算标准差（pow 函数用于计算数值的 n 次方）
print(' 标准差 =', round(sd, 4))       # 打印结果并保留 4 位小数。
```

标准差 = 99.4236

4.2.3　离散系数

标准差是反映数据离散程度的绝对值，其数值的大小受原始数据取值大小的影响，数据的观测值越大，标准差的值通常也就越大。此外，标准差与原始数据的计量单位相同，采用不同计量单位计量的数据，其标准差的值也就不同。因此，对于不同组别的数据，如果原始数据的观测值相差较大或计量单位不同，就不能用标准差直接比较其离散程度，这时需要计算离散系数。

离散系数（coefficient of variation，CV）也称变异系数，它是一组数据的标准差与其相应的平均数之比，其计算公式为：

$$CV = \dfrac{s}{\overline{x}} \tag{4.12}$$

离散系数消除了数据取值大小和计量单位对标准差的影响，因而可以反映一组数据的相对离散程度，它主要用于比较不同样本数据的离散程度，离散系数大说明数据的相对离散程度也就大，离散系数小说明数据的相对离散程度也就小[1]。

例 4 - 10（数据：example4_10.csv）为分析不同行业上市公司每股收益的差异，在互联网服务行业和机械制造行业各随机抽取 10 家上市公司，得到某年度的每股收益数据

---

[1]　当平均数接近 0 时，离散系数的值趋于无穷大，此时必须慎重解释。

见表 4 - 5。比较两类上市公司每股收益的离散程度。

表 4 - 5 不同行业上市公司的每股收益 （单位：元）

互联网公司	机械制造公司
0.32	0.68
0.47	0.43
0.89	0.28
0.97	0.03
0.87	0.42
1.09	0.24
0.73	0.66
0.96	0.29
0.96	0.02
0.63	0.59

解 计算离散系数的代码和结果如代码框 4 - 10 所示。

代码框 4 - 10 计算不同行业上市公司每股收益的离散系数

```
# 计算离散系数
import pandas as pd
import numpy as np
example4_10 = pd.read_csv('C:/pdata/example/chap04/example4_10.csv', encoding='gbk')

s_mean = example4_10.mean()                                    # 计算平均数
s_sd = example4_10.std()                                       # 计算标准差
s_cv = s_sd / s_mean                                           # 计算离散系数
df = pd.DataFrame({" 平均数 ": s_mean," 标准差 ": s_sd," 离散系数 ": s_cv})  # 生成结果数据框
np.round(df, 4)                                                # 结果保留 4 位小数
```

```
              平均环数   标准差   离散系数
互联网公司      0.789   0.2470   0.3131
机械制造公司     0.364   0.2366   0.6500
```

代码框 4 - 10 的结果显示，虽然互联网公司每股收益的标准差大于机械制造公司，但离散系数却小于机械制造公司，表明互联网公司每股收益的离散程度小于机械制造公司。

4.2.4 标准分数

有了平均数和标准差之后，可以计算一组数据中每个数值的**标准分数**（standard score）。它是某个数据与其平均数的离差除以标准差后的值。设样本数据的标准分数为

z，则有：

$$z_i = \frac{x_i - \overline{x}}{s} \qquad (4.13)$$

标准分数可以测度每个数值在该组数据中的相对位置，并可以用它来判断一组数据是否有离群点。比如，全班的平均考试分数为 80 分，标准差为 10 分，而你的考试分数是 90 分，距离平均分数有多远？显然是 1 个标准差的距离。这里的 1 就是你考试成绩的标准分数。标准分数说的是某个数据与平均数相比相差多少个标准差。

将一组数据转化为标准化得分的过程称为数据的标准化。式（4.13）也就是统计上常用的标准化公式，在对多个具有不同量纲的变量进行处理时，常常需要对各变量的数据进行标准化处理，也就是把一组数据转化成具有平均数为 0、标准差为 1 的新的数据。实际上，标准分数是将多个不同的变量统一成一种尺度，它只是将原始数据进行了线性变换，并没有改变某个数值在该组数据中的位置，也没有改变该组数据分布的形状。

例 4 – 11 （数据：example4_1. csv）沿用例 4 – 1。计算 30 名大学生网购金额的标准分数。

解 根据前面的计算结果，$\overline{x} = 538.95$，$s = 97.62$。以第 1 个学生的标准分数为例，由式（4.13）得：

$$z = \frac{479.0 - 538.95}{97.62} = -0.6141$$

结果表示，第 1 个学生的网购金额比平均网购金额低 0.614 1 个标准差。

使用 stats 包中的 zscore 函数可以计算标准分数，代码和结果如代码框 4 – 11 所示。

代码框 4 – 11　计算 30 名大学生网购金额的标准分数

```
import pandas as pd
import numpy as np
from scipy import stats                            # scipy 是基于 numpy 的科学计算包
example4_1 = pd.read_csv('C:/pdata/example/chap04/example4_1.csv', encoding='gbk')
z = stats.zscore(example4_1[' 网购金额 '], ddof=1)        # ddof 是自由度
z=np.round(z, 4)
print(' 标准分数：', '\n', z)
```

标准分数：
 [-0.6141 -0.1224 1.7102 0.1859 0.2453 1.8669 -0.399 -1.1826 -0.5906
  -0.3468 1.367   0.482   0.524   0.2269 -0.2412 1.9438 -0.399 -1.8987
  0.8313 -0.3713 -0.9808 -0.1101 -0.9378 -0.6336 -0.527 -1.6149 0.9716
  0.2699 -1.0525 1.3978]

根据标准分数可以判断一组数据中是否存在**离群点**（outlier）。离群点是指一组数据中远离其他值的点。经验表明：当一组数据对称分布时，约有 68.26% 的数据在平均数加

减 1 个标准差的范围之内；约有 95.44% 的数据在平均数加减 2 个标准差的范围之内；约有 99% 的数据在平均数加减 3 个标准差的范围之内。可以想象，一组数据中低于或高于平均数 3 倍标准差之外的数值是很少的，也就是说，在平均数加减 3 个标准差的范围内几乎包含了全部数据，而在 3 个标准差之外的数据在统计上称为离群点。例如，由代码框 4-11 的计算结果可知，30 名大学生的网购金额都在平均数加减 3 个标准差的范围内（标准分数的绝对值均小于 3），没有离群点。

4.3 分布形状的描述

利用直方图可以看出数据的分布是否对称以及偏斜的方向，但要想知道不对称程度则需要计算相应的描述统计量。偏度系数和峰度系数就是对分布不对称程度和峰值高低的一种度量。

4.3.1 偏度系数

偏度（skewness）是指数据分布的不对称性，这一概念由统计学家 K. Pearson 于 1895 年首次提出。测度数据分布不对称性的统计量称为**偏度系数**（coefficient of skewness），记为 SK。

偏度系数有不同的计算方法，Python 的 pandas 模块中的 DataFrame.skew 函数给出的计算公式为：

$$SK = \frac{n}{(n-1)(n-2)} \sum \left(\frac{x - \bar{x}}{s} \right)^3 \tag{4.14}$$

式（4.14）也是 SPSS、SAS、Excel 等的默认算法。

当数据为对称分布时，偏度系数等于 0。偏度系数越接近 0，偏斜程度就越低，就越接近对称分布。如果偏度系数明显不同于 0，表示分布是非对称的。若偏度系数大于 1 或小于 -1，视为严重偏斜分布；若偏度系数在 0.5 ～ 1 或 -0.5 ～ -1，视为是中等偏斜分布；偏度系数小于 0.5 或大于 -0.5 时，视为轻微偏斜。其中，负值表示左偏分布（在分布的左侧有长尾），正值则表示右偏分布（在分布的右侧有长尾）。

4.3.2 峰度系数

峰度（kurtosis）是指数据分布峰值的高低，这一概念由统计学家卡尔·皮尔逊（K. Pearson）于 1905 年首次提出。测度一组数据分布峰值高低的统计量称为**峰度系数**（coefficient of kurtosis），记作 K。Python 的 pandas 模块中的 DataFrame.skew 函数给出的计算公式为：

$$K = \frac{n(n+1)}{(n-1)(n-2)(n-3)} \sum \left(\frac{x_i - \bar{x}}{s} \right)^4 - \frac{3(n-1)^2}{(n-2)(n-3)} \tag{4.15}$$

峰度通常是与标准正态分布相比较而言。由于标准正态分布的峰度系数为 0，当 $K>0$ 时为尖峰分布，数据分布的峰值比标准正态分布高，数据相对集中；当 $K<0$ 时为扁平分布，数据分布的峰值比标准正态分布低，数据相对分散。

例 4-12 （数据：example4_1.csv）沿用例 4-1。计算 30 名大学生网购金额的偏度系数和峰度系数。

解 根据式（4.14）得偏度系数为：

$$SK = \frac{30}{(30-1)(30-2)} \sum \left(\frac{x_i - 538.95}{97.62} \right)^3 = \frac{30}{(30-1)(30-2)} \times 9.217\,966 = 0.340\,6$$

结果表示，网购金额轻微右偏，基本上可以看作对称分布。

根据式（4.15）得峰度系数为：

$$K = \frac{30(30+1)}{(30-1)(30-2)(30-3)} \sum \left(\frac{x_i - 538.95}{97.62} \right)^4 - \frac{3(30-1)^2}{(30-2)(30-3)} = -0.407\,5$$

结果表示，与标准正态分布相比，网购金额分布的峰值偏低。

计算偏度系数和峰度系数的代码和结果如代码框 4-12 所示。

代码框 4-12 计算 30 名大学生网购金额的偏度系数和峰度系数

```python
# 计算偏度系数
import pandas as pd
example4_1 = pd.read_csv('C:/pdata/example/chap04/example4_1.csv', encoding='gbk')
skew = example4_1['网购金额'].skew()

# 计算峰度系数
kurt = example4_1['网购金额'].kurt()
print("偏度系数 =", round(skew, 4), '\n'"峰度系数 =", round(kurt, 4))
```

```
偏度系数 = 0.3406
峰度系数 = -0.4075
```

4.4 Python 的综合描述函数

描述统计量的计算除了可以用上面介绍的 Python 函数外，也可以使用 Python 不同模块中的函数进行综合描述，一次输出多个描述统计量，以满足综合分析的需要。这里只介绍 pandas 中的 DataFrame.describe 函数以及自编函数计算常用描述统计量的方法。

例 4-13 （数据：example4_10.csv）沿用例 4-10。计算互联网服务行业和机械制造行业上市公司每股收益的各描述统计量，并进行综合分析。

解 计算各描述统计量的代码和结果如代码框 4-13 所示。

代码框 4 - 13　汇总输出例 4 - 10 的多个描述统计量

```python
# 使用 pandas 中的 describe 函数
import pandas as pd
import numpy as np
example4_10 = pd.read_csv('C:/pdata/example/chap04/example4_10.csv', encoding='gbk')
np.round(example4_10.describe(), 4)
```

	互联网公司	机械制造公司
count	10.000	10.000 0
mean	0.789	0.364 0
std	0.247	0.236 6
min	0.320	0.020 0
25%	0.655	0.250 0
50%	0.880	0.355 0
75%	0.960	0.550 0
max	1.090	0.680 0

```python
# 按公司分组计算描述统计量
import pandas as pd
eample4_10 = pd.read_csv('C:/pdata/example/chap04/example4_10.csv', encoding='gbk')

# 将表 4 - 5 的短格式数据融合成长格式数据
df = pd.melt(example4_10, value_vars=[' 互联网公司 ', ' 机械制造公司 '], var_name=' 公司 ', value_name=' 每股收益 ')

# 编写函数
def my_summary(df, col=[' 公司 ']):
    df_res = pd.DataFrame()
    df_res['n'] = df.groupby(col)[' 每股收益 '].count()
    df_res[' 平均数 '] = df.groupby(col)[' 每股收益 '].mean().round(3)
    df_res[' 中位数 '] = df.groupby(col)[' 每股收益 '].median()
    df_res[' 标准差 '] = df.groupby(col)[' 每股收益 '].std().round(4)
    df_res[' 极差 '] = df.groupby(col)[' 每股收益 '].apply(lambda x: x.max()-x.min())
    df_res[' 离散系数 '] = df.groupby(col)[' 每股收益 '].apply(lambda x: x.std()/x.mean())
    df_res[' 偏度系数 '] = df.groupby(col)[' 每股收益 '].skew()
    return df_res                    # 返回函数结果

df1=my_summary(df, [' 公司 '])       # 将函数应用于数据框 df
print(' 按公司分组 '); df1            # 输出结果
```

按公司分组

公司	n	平均数	中位数	标准差	极差	离散系数	偏度系数
互联网公司	10	0.789	0.880	0.247 0	0.77	0.313 057	−0.876 357
机械制造公司	10	0.364	0.355	0.236 6	0.66	0.650 015	−0.119 291

注：使用 groupby 函数也可以对 pandas 的数据框进行分组统计。

代码框 4 – 13 中的结果显示，互联网类上市公司的每股平均盈利高于机械制造类上市公司，虽然从标准差看互联网类上市公司大于机械制造类上市公司，但离散系数（互联网类上市公司为 0.313 1，机械制造类上市公司为 0.650 0）看，互联网类上市公司每股收益的离散程度却小于机械制造类上市公司。从数据分布的形状来看，两类上市公司的偏度系数均为负值，呈现左偏分布，而且互联网类上市公司每股收益的偏斜程度大于机械制造类上市公司。从分布的峰值看，两类上市公司每股收益的峰值均低于标准正态分布，即呈现扁平状态。

思维导图

下面的思维导图展示了本章的内容框架。

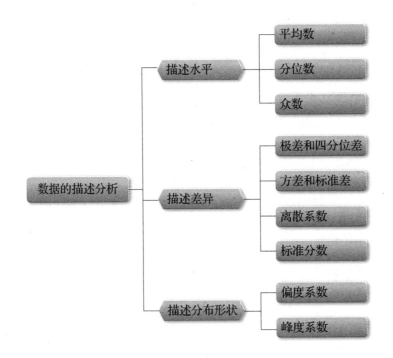

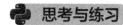 思考与练习

一、思考题

1. 一组数据的数值特征可以从哪几个方面进行描述?

2. 简述平均数和中位数的特点及应用场合。

3. 为什么要计算离散系数?

4. 标准分数有哪些用途?

二、练习题

1. 一家物流公司6月份每天的货物配送量数据见下表(单位:万件)。

18.4	23.3	27.3	25.9	24.1	27.1	23.0	24.0	27.3	30.4
27.5	22.2	24.8	22.9	22.9	22.5	20.1	22.7	22.0	25.0
25.0	31.1	26.2	22.4	23.8	29.3	25.9	29.1	25.2	22.7

计算以下统计量,并进行分析:

(1)平均数、中位数、四分位数、第80个百分位数和众数。

(2)极差、四分位差、方差和标准差。

(3)偏度系数和峰度系数。

(4)标准分数。

2. 在某行业中随机抽取120家企业,按季度利润额进行分组后的结果见下表。

按利润额分组(万元)	企业数(个)
3 000 以下	19
3 000 ~ 4 000	30
4 000 ~ 5 000	42
5 000 ~ 6 000	18
6 000 以上	11
合计	120

计算120家企业利润额的平均数和标准差(注:第一组和最后一组的组距根据相邻组确定)。

3. 一项关于大学生体重状况的研究发现,男生的平均体重为60 kg,标准差为5 kg;女生的平均体重为50 kg,标准差为5 kg。请回答下面的问题:

(1)男生的体重差异大还是女生的体重差异大?为什么?

(2)粗略地估计一下,男生中有百分之几的人体重在55 kg ~ 65 kg?

(3)粗略地估计一下,女生中有百分之几的人体重在40 kg ~ 60 kg?

4. 一家公司在招收职员时，首先要进行两项能力测试。在 A 项测试中，其平均分数是 100 分，标准差是 15 分；在 B 项测试中，其平均分数是 400 分，标准差是 50 分。一位应试者在 A 项测试中得了 115 分，在 B 项测试中得了 425 分。该应试者的哪一项测试更为理想？

5. 一种产品需要人工组装，现有 3 种可供选择的组装方法。为检验哪种方法更好，随机抽取 15 个工人，让他们分别用 3 种方法组装。15 个工人分别用 3 种方法在相同的时间内组装的产品数量见下表（单位：个）。

方法 A	方法 B	方法 C
164	129	125
167	130	126
168	129	126
165	130	127
170	131	126
165	130	128
164	129	127
168	127	126
164	128	127
162	128	127
163	127	125
166	128	126
167	128	116
166	125	126
165	132	125

计算有关的描述统计量来评价组装方法的优劣。

第5章

推断分析基本方法

学习目标

- 了解概率和概率分布的有关概念，掌握正态分布和 t 分布概率以及分位数的计算。
- 深入理解统计量分布在推断分析中的作用，理解样本均值的分布与中心极限定理。
- 使用 Python 计算分布的概率和分位数。
- 掌握总体均值和总体比例的区间估计方法。
- 掌握总体均值和总体比例的假设检验方法。
- 使用 Python 进行估计和检验。

课程思政目标

- 利用概率分布知识，结合实际问题学习概率在社会科学和自然科学领域的应用。
- 结合中心极限定理，深入理解坚持党的领导和走中国特色社会主义道路的必然性。
- 利用参数估计和假设检验原理，针对具体问题能提出合理的假设，并对决策结果做出合理解释，避免主观或乱用 p 值，应将 p 值的使用与树立正确的价值观相结合。

一个水库里有多少千克鱼？一片原始森林里的木材储蓄量有多少？一批灯泡的平均使用寿命是多少？一批产品的合格率是多少？怎样才能知道这些问题的答案？你不可能把一个水库里的水抽干去称鱼的重量，不可能把森林伐完去计算有多少木材，不可能把一批灯泡都用完去计算它的平均使用寿命，也不可能把每一件产品都检测完才知道它的合格率。实际上，你只要从中抽出几个样品，根据样品提供的信息去推断就可以了，这就是抽样推断问题。本章将介绍推断的理论依据及推断的基本方法。

5.1 推断的理论基础

推断分析是用样本信息推断总体的特征，其基本方法包括参数估计和假设检验。无

论是估计还是检验，做出这种推断所依据的就是样本统计量的概率分布，它是经典统计推断的理论基础。为理解统计量分布的含义，本章首先介绍几个经典的概率分布和样本统计量的抽样分布，然后介绍统计推断的基本方法。

随机变量和概率分布

概率（probability）是对事件发生可能性大小的度量，它是介于 0 和 1 之间（含 0 和 1）的一个值。比如：天气预报说明天降水的概率是 80%，这里的 80% 就是对降水这一事件发生的可能性大小的一种数值度量。概率分布（probability distribution）是针对随机变量而言的，因此，要理解概率分布，首先需要知道随机变量的概念。

1. 什么是随机变量

在很多领域，研究工作主要依赖于某个样本数据，而这些样本数据通常是由某个变量的一个或多个观测值所组成的。比如：调查 100 个消费者，考察他们对饮料的偏好，并记录下喜欢某一特定品牌饮料的人数 X；调查一座写字楼，记录下每平方米的出租价格 X；等等。这样的调查也就是统计上所说的试验。由于记录某次试验结果时事先并不知道 X 取哪一个值，因此称 X 为**随机变量**（random variable）。

随机变量是用数值来描述特定试验一切可能出现的结果，它的取值事先不能确定，具有随机性。比如：抛一枚硬币，其结果就是一个随机变量 X，因为在抛掷之前并不知道出现的是正面还是反面，若用数值 1 表示正面朝上，0 表示反面朝上，则 X 可能取 0，也可能取 1。再比如：抽查 50 个产品，观察其中的次品数 X；国庆长假一个旅游景点的游客人数 X，等等，由于 X 取哪些值以及 X 取某些值的概率是多少，事先都是不知道的，因此，次品数和游客人数等都是随机变量。

有些随机变量只能取有限个值，称为**离散型随机变量**（discrete random variable）。有些则可以取一个或多个区间中的任何值，称为**连续型随机变量**（continuous random variable）。将随机变量的取值设想为数轴上的点，每次试验结果对应一个点。如果一个随机变量仅限于取数轴上有限个孤立的点，它就是离散型的；如果一个随机变量是在数轴上的一个或多个区间内取任意值，那么它就是连续型的。比如：在由 100 个消费者组成的样本中，喜欢某一特定品牌饮料的人数 X 只能取 0，1，2，…，100 这些数值之一；检查 50 件产品，合格品数 X 的取值可能为 0，1，2，3，…，50；一家餐馆营业一天，顾客人数 X 的取值可能为 0，1，2，3，…这里的 X 只能取有限的数值，所以称 X 为离散型随机变量。相反，每平方米写字楼的出租价格 X，在理论上可以取大于 0 到无穷多个数值中的任何一个；检测某产品的使用寿命，产品使用的时间长度 X 的取值可以为 $X \geq 0$；某电话用户每次通话时间长度 X 的取值可以为 $X > 0$，这些都是连续型随机变量。

2. 什么是概率分布

就离散型随机变量而言，概率分布描述的是随机变量的取值及其取这些值的相应概率。由于离散型随机变量 X 只取有限个可能的值 $x_1, x_2, \cdots$，而且是以确定的概率取这些值，即 $P(X = x_i) = p_i (i = 1, 2, \cdots)$。因此，可以列出 X 的所有可能取值 $x_1, x_2, \cdots$，以及取

每个值的概率 p_1，p_2，…，这就是离散型随机变量的概率分布。离散型概率分布具有性质：(1) $p_i \geq 0$，(2) $\sum_i p_i = 1$，$(i = 1, 2, \cdots)$。

对于连续型随机变量，由于 X 可以取某一区间或整个实数轴上的任意一个值，它取任何一个特定的值的概率都等于 0，不能列出每一个值及其相应的概率。因此通常研究它取某一区间值的概率，并用概率密度函数的形式和分布函数的形式来描述其概率分布。

对于随机变量，如果知道了它的概率分布，就很容易确定它取某个值或某个区间值的概率。

常用的离散型概率分布有**二项分布**（binomial distribution）、**泊松分布**（Poisson distribution）、**超几何分布**（hypergeometric distribution）等；连续型概率分布有**正态分布**（normal distribution）、**均匀分布**（uniform distribution）、**指数分布**（exponential distribution）等。本节只介绍后面用的正态分布以及由正态分布推导出来的 t 分布。

3. 正态分布

正态分布最初是由 C.F. 高斯（Carl Friedrich Gauss，1777—1855）为描述误差相对频数分布的模型而提出来的，因此又称高斯分布。在现实生活中，有许多现象都可以由正态分布来描述，甚至当未知一个连续总体的分布时，我们总尝试假设该总体服从正态分布来进行分析。其他一些分布（如二项分布）概率的计算也可以利用正态分布来近似，而且由正态分布还可以推导出其他一些重要的统计分布，如 x^2 分布、t 分布、F 分布等。

如果随机变量 X 的概率密度函数为：

$$f(x) = \frac{1}{\sqrt{2\pi\sigma^2}} e^{-\frac{1}{2\sigma^2}(x-\mu)^2}, \quad -\infty < x < \infty \tag{5.1}$$

则称 X 为正态随机变量，或称 X 服从参数为 μ、σ^2 的正态分布，记作 $X \sim N(\mu, \sigma^2)$。

式（5.1）中 μ 是正态随机变量 X 的均值，它可为任意实数，σ^2 是 X 的方差，且 $\sigma > 0$，$\pi = 3.1415926$，$e = 2.71828$。

不同的 μ 值和不同的 σ 值对应于不同的正态分布，其概率密度函数所对应的曲线如图 5-1 所示。

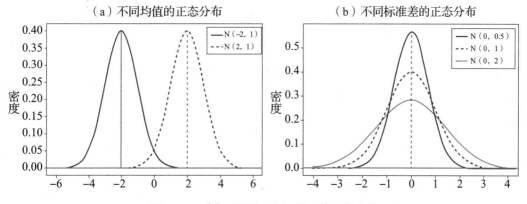

图 5-1　对应于不同 μ 和不同 σ 的正态曲线

图 5-1 显示，正态曲线的图形是关于 $x=\mu$ 对称的钟形曲线。正态分布的两个参数 μ 和 σ 一旦确定，正态分布的具体形式也就唯一确定，其中均值 μ 决定正态曲线的具体位置，标准差 σ 相同而均值不同的正态曲线在坐标轴上体现为水平位移。标准差 σ 决定正态曲线的"陡峭"或"扁平"程度。σ 越大，正态曲线越扁平；σ 越小，正态曲线越陡峭。不同参数取值的正态分布构成一个完整的"正态分布族"。

正态随机变量在特定区间上取值的概率由正态曲线下的面积给出，而且其曲线下的总面积等于 1。经验法则总结了正态分布在一些常用区间上的概率值，其图形如图 5-2 所示。

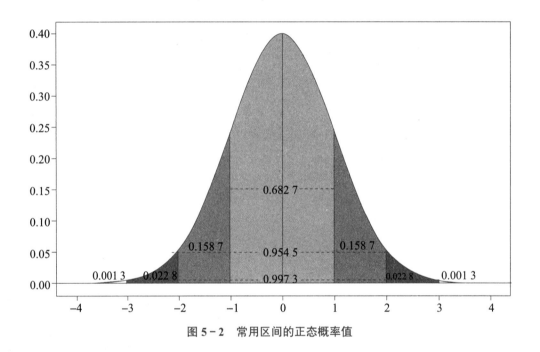

图 5-2　常用区间的正态概率值

彩图 5-2

图 5-2 显示，正态随机变量落入其均值左右各 1 个标准差内的概率为 68.27%，落入其均值左右各 2 个标准差内的概率为 95.45%；落入其均值左右各 3 个标准差内的概率为 99.73%。

由于正态分布是一个分布族，对于任一个服从正态分布的随机变量，通过 $Z=(x-\mu)/\sigma$ 标准化后的新随机变量服从均值为 0、标准差为 1 的**标准正态分布**（standard normal distribution），记为 $Z \sim N(0,1)$。标准正态分布的概率密度函数用 $\varphi(x)$ 表示，有：

$$\varphi(x)=\frac{1}{\sqrt{2\pi}}\mathrm{e}^{-\frac{1}{2}x^2},\quad -\infty<x<\infty \tag{5.2}$$

如图 5-3 所示为标准正态分布对应于不同分位数时的概率（阴影部分的面积）。

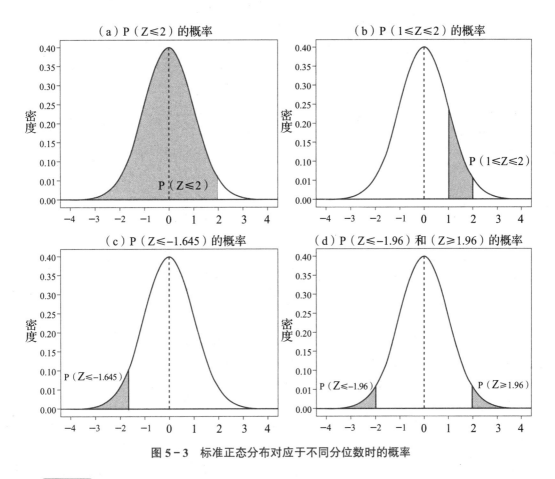

图 5 - 3 标准正态分布对应于不同分位数时的概率

例 5 - 1 计算正态分布的累积概率及给定累积概率时正态分布的分位数。

（1）已知 $X \sim N(50, 10^2)$，计算 $P(X > 80)$ 和 $P(20 \leqslant X \leqslant 30)$。

（2）已知 $Z \sim N(0, 1)$，计算 $P(Z \leqslant -2)$ 和 $P(Z > 1.5)$。

（3）已知 $Z \sim N(0, 1)$，计算累积概率为 0.025 时，标准正态分布函数的反函数值 $z_{0.025}$；计算累积概率为 0.95 时，标准正态分布函数的反函数值 $z_{0.95}$。

彩图 5 - 3

解 代码和结果如代码框 5 - 1 所示。

代码框 5 - 1 计算正态分布的累积概率和给定累积概率时的分位数

```
# 计算正态分布的概率和分位数
from scipy.stats import norm
p1=1-norm.cdf(80, loc=50, scale=10)          # P(X>80) 的概率
p2=norm.cdf(30, 50, 10) - norm.cdf(20, 50, 10)   # P(20 ≤ X ≤ 30) 的概率
p3=norm.cdf(-2, loc=0, scale=1)              # P(Z ≤ -2) 的概率
p4=1 - norm.cdf(1.5)                         # P(Z>1.5) 的概率。
q1=norm.ppf(0.025, loc=0, scale=1)          # 累积概率为 0.025 时的反函数值 z
q2=norm.ppf(0.95, loc=0, scale=1)           # 累积概率为 0.95 时的反函数值 z
```

```
# 输出结果
print('P(X ≤ 80)=', round(p1, 6), '\n''P(20 ≤ X ≤ 30)=', round(p2, 6), '\n''P(Z ≤ -2)=', round(p3, 6), '\n'
    'P(>1.5)=', round(p4, 6), '\n''q(0.025)=', round(q1, 6), '\n''q(0.95)=', round(q2, 6))
```

P(X ≤ 80)= 0.00135

P(20 ≤ X ≤ 30)= 0.0214

P(Z ≤ -2)= 0.02275

P(>1.5)= 0.066807

q(0.025)= -1.959964

q(0.95)= 1.644854

注：pnorm.cdf 函数用于计算正态分布的概率；qnorm.ppf 函数用于计算正态分布的分位数。参数 loc 为正态分布的均值；参数 scale 为正态分布的标准差。

4. t 分布

t 分布（t-distribution）的提出者是威廉·戈塞（William Gosset），由于他经常用笔名 "Student" 发表文章，用 t 表示样本均值经标准化后的新随机变量，因此称为 t 分布，也被称为学生 t 分布（student's t）。t 分布是类似于标准正态分布的一种对称分布，但它的分布曲线通常要比标准正态分布曲线平坦和分散。一个特定的 t 分布依赖于称之为自由度的参数。随着自由度的增大，t 分布也逐渐趋于标准正态分布，如图 5–4 所示。

彩图 5–4

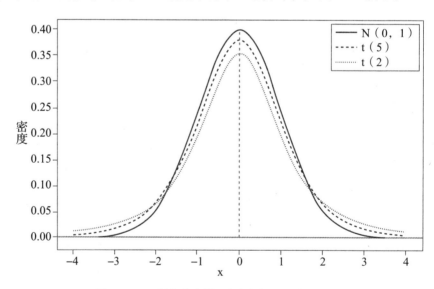

图 5–4　不同自由度的 t 分布与标准正态分布的比较

当正态总体标准差未知时，在小样本条件下对总体均值的估计和检验要用到 t 分布。t 分布的概率即为曲线下面积。

例 5–2　计算：（1）自由度为 10，t 值小于 –2 的概率；（2）自由度为 15，t 值大于

3 的概率；（3）自由度为 12，t 值等于 2.5 的双尾概率；（4）自由度为 25，t 分布累积概率为 0.025 时的左尾 t 值；（5）自由度为 20，双尾概率为 0.05 时的 t 值。

解　代码和结果如代码框 5 - 2 所示。

代码框 5 - 2　计算 t 分布累积概率和给定累积概率时的分位数

```
# 计算 t 分布的概率
from scipy.stats import t
p1=t.cdf(-2, df=10)             # 自由度为 10，t 值小于等于 -2 的概率
p2=1-t.cdf(3, df=15)            # 自由度为 15，t 值大于 3 的概率
p3=2*(1-t.cdf(2.5, df=12))      # 自由度为 12，t 值等于 2.5 的双尾概率

q1=t.ppf(0.025, df=25)          # 自由度为 25，t 分布累积概率为 0.025 时的左尾 t 值
q2=t.ppf(0.025, df=20)          # 自由度为 20，双尾概率为 0.05 时的 t 值

# 输出结果
print('P(X ≤ -2, df=10)=', round(p1, 6), '\n''P(X>3, df=15)=', round(p2, 6), '\n''P(X=2.5, df=12)=',
    round(p3, 6), '\n' 'q(P=0.025, df=25)=', round(q1, 6), '\n''q(P=0.025, df=20)=', round(q2, 6))
```

P(X ≤ -2, df=10)= 0.036694
P(X>3, df=15)= 0.004486
P(X=2.5, df=12)= 0.027915
q(P=0.025, df=25)= -2.059539
q(P=0.025, df=20)= -2.085963

注：t.cdf 函数用于计算 t 分布的概率；t.ppf 函数用于计算 t 分布的分位数。参数 df 为自由度。

5.1.2　统计量的抽样分布

1. 统计量及其分布

如果想了解某个地区的人均收入状况，由于不可能对每个人进行调查，因而也就无法知道该地区的人均收入。这里"该地区的人均收入"就是所关心的总体**参数**（parameter），它是对总体特征的某个概括性度量。

参数通常是不知道的，但又是想要了解的总体的某个特征值。如果只研究一个总体，所关心的参数通常有总体均值、总体方差、总体比例等。在统计中，总体参数通常用希腊字母表示。比如，总体均值用 μ（mu）表示，总体标准差用 σ^2（sigma square）表示，总体比例用 π（pi）表示。

总体参数虽然是未知的，但可以利用样本信息来推断。比如，从某地区随机抽取 2 000 个家庭组成一个样本，根据这 2 000 个家庭的平均收入推断该地区所有家庭的平均收入。2 000 个家庭的平均收入就是一个**统计量**（statistic），它是根据样本数据计算的用

于推断总体的某个量，是对样本特征的某个概括性度量。显然，统计量的取值会因样本不同而变化，因此是样本的函数，也是一个随机变量。但在抽取一个特定的样本后，统计量的值就可以计算出来。

就一个样本而言，关心的统计量通常有样本均值、样本方差、样本比例等。样本统计量通常用英文字母来表示。比如，样本均值用 $\bar{x}$ 表示，样本方差用 s^2 表示，样本比例用 p 表示。

既然统计量是一个随机变量，那么它就有一定的概率分布。样本统计量的概率分布也称为**抽样分布**（sampling distribution），它是由样本统计量的所有可能取值形成的相对频数分布。但由于现实中不可能将所有可能的样本都抽出来，因此，统计量的概率分布实际上是一种理论分布。

根据统计量来推断总体参数具有某种不确定性，但我们可以给出这种推断的可靠性，而度量这种可靠性的依据正是统计量的概率分布，并且我们确知这种分布的某些性质。因此，统计量的概率分布提供了该统计量长远而稳定的信息，它构成了推断总体参数的理论基础。

2. 样本均值的分布

设总体共有 N 个元素（个体），从中抽取样本量为 n 的随机样本，在有放回抽样条件下，共有 N^n 个可能的样本，在无放回抽样条件下，共有 $C_N^n = \dfrac{n!}{n!(N-n)!}$ 个可能的样本。将所有可能的样本均值都算出来，由这些样本均值形成的分布就是样本均值的抽样分布，或称样本均值的概率分布。但现实中不可能将所有的样本都抽出来，因此，样本均值的概率分布实际上是一种理论分布。当样本量较大时，统计证明它近似服从正态分布。下面通过一个例子说明样本均值的概率分布。

例 5-3 设一个总体含有 5 个元素，取值分别为：$x_1 = 2$、$x_2 = 4$、$x_3 = 6$、$x_4 = 8$、$x_5 = 10$。从该总体中采取重复抽样方法抽取样本量为 $n=2$ 的所有可能样本，写出样本均值 $\bar{x}$ 的概率分布。

解 首先，计算出总体的均值和方差，如下：

$$\mu = \frac{\sum_{i=1}^{4} x_i}{N} = \frac{30}{5} = 6 , \quad \sigma^2 = \frac{\sum_{i=1}^{4}(x_i - \mu)^2}{5} = \frac{40}{5} = 8$$

从总体中采取重复抽样方法抽取容量为 $n=2$ 的随机样本，共有 $5^2=25$ 个可能的样本。计算出每一个样本的均值 $\bar{x}_i$，结果见表 5-1。

表 5-1 25 个可能的样本及其均值 $\bar{x}$

样本序号	样本元素 1	样本元素 2	样本均值
1	2	2	2
2	2	4	3
3	2	6	4

续表

样本序号	样本元素 1	样本元素 2	样本均值
4	2	8	5
5	2	10	6
6	4	2	3
7	4	4	4
8	4	6	5
9	4	8	6
10	4	10	7
11	6	2	4
12	6	4	5
13	6	6	6
14	6	8	7
15	6	10	8
16	8	2	5
17	8	4	6
18	8	6	7
19	8	8	8
20	8	10	9
21	10	2	6
22	10	4	7
23	10	6	8
24	10	8	9
25	10	10	10

每个样本被抽中的概率相同，均为 1/25。设样本均值的均值（期望值）为 $\mu_{\bar{x}}$，样本均值的方差为 $\sigma_{\bar{x}}^2$。根据表 5-1 中的样本均值得：

$$\mu_{\bar{x}} = \frac{\sum_1^{25}\bar{x}}{25} = 6 , \quad \sigma_{\bar{x}}^2 = \frac{\sum_1^{25}(\bar{x} - \mu_{\bar{x}})^2}{25} = 4$$

与总体均值 μ 和总体方差 σ^2 比较，不难发现

$$\mu_{\bar{x}} = \mu = 6 , \quad \sigma_{\bar{x}}^2 = \frac{\sigma^2}{n} = \frac{8}{2} = 4$$

由此可见，样本均值的均值（期望值）等于总体均值，样本均值的方差等于总体方差的 $1/n$。总体分布与样本均值分布的比较如图 5-5 所示。

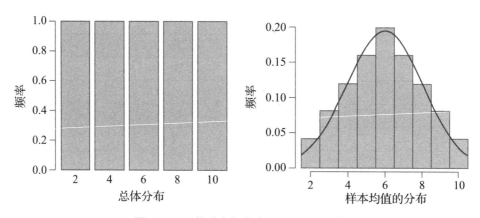

图 5-5 总体分布与样本均值分布的比较

图 5-5 显示，尽管总体为均匀分布，但样本均值的分布在形状上却是近似正态分布。

样本均值的分布与抽样所依据的总体的分布和样本量 n 的大小有关。统计证明，如果总体是正态分布，无论样本量的大小，样本均值的分布都近似服从正态分布。如果总体不是正态分布，随着样本量 n 的增大（通常要求 $n \geqslant 30$），样本均值的概率分布仍趋于正态分布，其分布的期望值为总体均值 μ，方差为总体方差的 $1/n$。这就是统计上著名的**中心极限定理**（central limit theorem）。这一定理可以表述为：从均值为 μ、方差为 σ^2 的总体中，抽取样本量为 n 的所有随机样本，当 n 充分大时（通常要求 $n \geqslant 30$），样本均值的分布近似服从期望值为 μ、方差为 σ^2 / n 的正态分布，即 $\bar{x} \sim N(\mu, \sigma^2 / n)$。等价地，有 $\dfrac{\bar{x} - \mu}{\sigma / \sqrt{n}} \sim N(0, 1)$。

如果总体不是正态分布，当 n 为小样本时（通常 $n < 30$），样本均值的分布则不服从正态分布。样本均值的分布与总体分布及样本量的关系可以用图 5-6 来描述。

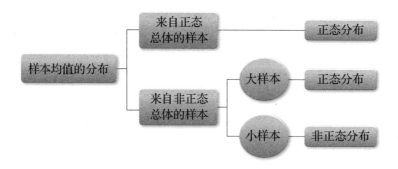

图 5-6 抽样均值的分布与总体分布及样本量的关系

3. 样本比例的分布

在统计分析中，许多情形下要进行比例估计。**比例**（proportion）是指总体（或样本）中具有某种属性的个体与全部个体之和的比值。例如，一个班级的学生按性别分为男、女两类，男生人数与全班人数之比就是比例，女生人数与全班人数之比也是比例。再如，产品可分为合格品与不合格品，合格品（或不合格品）与全部产品总数之比就是比例。

设总体有 N 个元素，具有某种属性的元素个数为 N_0，具有另一种属性的元素个数为 N_1，总体比例用 π 表示，则有 $\pi = N_0 / N$，或有 $N_1 / N = 1 - \pi$。相应地，样本比例用 p 表示，同样有 $p = n_0 / n$，$n_1 / n = 1 - p$。

从一个总体中重复选取样本量为 n 的样本，由样本比例的所有可能取值形成的分布就是样本比例的概率分布。统计证明，当样本量很大时〔通常要求 $np \geq 10$ 和 $n(1-p) \geq 10$〕，样本比例分布可用正态分布近似，p 的期望值 $E(p) = \pi$，方差为 $\sigma_p^2 = \dfrac{\pi(1-\pi)}{n}$，即

$p \sim N\left(\pi, \dfrac{\pi(1-\pi)}{n}\right)$。等价地，有 $\dfrac{p - \pi}{\sqrt{\pi(1-\pi)/n}} \sim N(0,1)$。

4. 统计量的标准误

统计量的**标准误**（standard error）是指统计量分布的标准差，也称为标准误差。标准误用于衡量样本统计量的离散程度，在参数估计和假设检验中，它是用于衡量样本统计量与总体参数之间差距的一个重要尺度。样本均值的标准误用 $\sigma_{\bar{x}}$ 或 SE 表示，计算公式为：

$$\sigma_{\bar{x}} = \frac{\sigma}{\sqrt{n}} \tag{5.3}$$

当总体标准差 σ 未知时，可用样本标准差 s 代替计算，这时计算的标准误也称为**估计标准误**（standard error of estimation）。由于实际应用中，总体 σ 通常是未知时，所计算的标准误实际上都是估计标准误，因此估计标准误就简称为标准误（统计软件中得到的都是估计标准误）。

相应地，样本比例的标准误可表示为：

$$\sigma_p = \sqrt{\frac{\pi(1-\pi)}{n}} \tag{5.4}$$

当总体比例的方差 $\pi(1-\pi)$ 未知时，可用样本比例的方差 $p(1-p)$ 代替。

标准误与第 4 章介绍的标准差是两个不同的概念。标准差是根据原始观测值计算的，反映一组原始数据的离散程度。而标准误是根据样本统计量计算的，反映统计量的离散程度。

5.2　参数估计

参数估计（parameter estimation）是在样本统计量抽样分布的基础上，根据样本信息估计所关心的总体参数。比如，用样本均值 $\bar{x}$ 估计总体均值 μ，用样本比例 p 估计总体比例 π，用样本方差 s^2 估计总体方差 σ^2 等。如果将总体参数用符号 θ 来表示，用于估计

参数的统计量用 $\hat{\theta}$ 表示，当用 $\hat{\theta}$ 来估计 θ 的时候，$\hat{\theta}$ 也被称为**估计量**（estimator），而根据一个具体的样本计算出来的估计量的数值称为**估计值**（estimate）。比如，要估计一个地区的家庭人均收入，从该地区中抽取一个由若干家庭组成的随机样本，这里该地区所有家庭的年平均收入就是参数，用 θ 表示，根据样本计算的平均收入 $\bar{x}$ 就是一个估计量，用 $\hat{\theta}$ 表示，假定计算出来的样本平均收入为 60 000 元，这个 60 000 元就是估计量的具体数值，称为估计值。

5.2.1 估计方法和原理

本节首先讨论参数估计的原理，然后介绍一个总体均值和总体比例的区间估计方法。

参数估计的方法有点估计和区间估计两种。

点估计（point estimate）就是用估计量 $\hat{\theta}$ 的某个取值直接作为总体参数 θ 的估计值。比如，用样本均值 $\bar{x}$ 直接作为总体均值 μ 的估计值，用样本比例 p 直接作为总体比例 π 的估计值，用样本方差 s^2 直接作为总体方差 σ^2 的估计值等。假定要估计一个学院学生的平均考试分数，根据抽出的一个随机样本计算的平均分数为 80 分，用 80 分作为全学院平均考试分数的一个估计值，这就是点估计。再比如，要估计一批产品的合格率，根据抽样计算的合格率为 98%，将 98% 直接作为这批产品合格率的估计值，这也是一个点估计。

由于样本是随机抽取的，一个具体的样本得到的估计值很可能不同于总体参数。点估计的缺陷是没法给出估计的可靠性，也没法说出点估计值与总体参数真实值接近的程度，因为一个点估计量的可靠性是由其抽样分布的标准误来衡量的。因此，我们不能完全依赖于一个点估计值，而应围绕点估计值构造出总体参数的一个区间。

区间估计（interval estimate）是在点估计的基础上给出总体参数估计的一个估计区间，就总体均值和总体比例而言，该区间通常是由样本统计量加减**估计误差**（estimate error）得到的。与点估计不同，进行区间估计时，根据样本统计量的抽样分布，可以对统计量与总体参数的接近程度给出一个概率度量。

在区间估计中，由样本估计量构造出的总体参数在一定置信水平下的估计区间称为**置信区间**（confidence interval），其中，区间的最小值称为置信下限，最大值称为置信上限。由于统计学家在某种程度上确信这个区间会包含真正的总体参数，所以给它取名为置信区间。假定抽取 100 个样本构造出 100 个置信区间，这 100 个区间中有 95% 的区间包含了总体参数的真值，5% 没包含，则 95% 这个值被称为**置信水平**（confidence level）。一般地，将构造置信区间的步骤重复多次，置信区间中包含总体参数真值的次数所占的比例称为置信水平，也称为**置信度**或**置信系数**（confidence coefficient）。统计上，常用的置信水平有 90%、95% 和 99%。有关置信区间的概念可用图 5 - 7 来表示。

图 5-7　置信区间示意图

如果用某种方法构造的所有区间中有 $(1-\alpha)\%$ 的区间包含总体参数的真值，$\alpha\%$ 的区间不包含总体参数的真值，那么，用该方法构造的区间称为置信水平为 $(1-\alpha)\%$ 的置信区间。如果 $\alpha=5\%$，那么 $(1-\alpha)=95\%$ 称为置信水平为 95% 的置信区间。

但由于总体参数的真值是固定的，而用样本构造的估计区间则是不固定的，因此置信区间是一个随机区间，它会因样本的不同而变化，而且不是所有的区间都包含总体参数。在实际估计时，往往只抽取一个样本，此时所构造的是与该样本相联系的一定置信水平（比如 95%）下的置信区间。我们只能希望这个区间是大量包含总体参数真值的区间中的一个，但它也可能是少数几个不包含参数真值的区间中的一个。比如，从一个均值（μ）为 50、标准差为 5 的正态总体中，抽取 $n=10$ 的 100 个随机样本，得到 μ 的 100 个 95% 的置信区间，如图 5-8 所示。

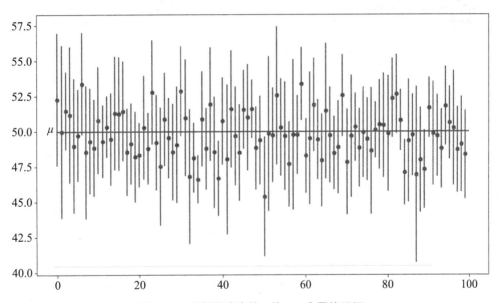

图 5-8　重复构造出的 μ 的 100 个置信区间

如图 5-8 所示，每个区间中间的点表示 μ 的点估计，即样本均值 $\bar{x}$。可以看出 100 个区间中有 95 个区间包含总体均值，有 5 个区间没有包含总体均值，因此称该区间为置信水平为 95% 的置信区间。但需要注意的是，95% 的置信区间不是指任意一次抽取的 100 个样本就恰好有 95 个区间包含总体均值，而是指反复抽取的多个样本中包含总体参数区间的比例。这 100 个置信区间可能都包含总体均值，也可能有更多的区间未

彩图 5-8

包含总体均值。由于实际估计是只抽取一个样本，由该样本所构造的区间是一个常数区间，我们无法知道这个区间是否包含总体参数的真值，因为它可能是包含总体均值的 95 个区间中的一个，也可能是未包含总体均值的 5 个中的一个。因此，一个特定的区间总是"绝对包含"或"绝对不包含"参数的真值，不存在"以多大的概率包含总体参数"的问题。置信水平只是告诉我们在多次估计得到的区间中大概有多少个区间包含了参数的真值，而不是针对所抽取的这个样本所构建的区间而言的。

从置信水平、样本量和置信区间的关系不难看出，在其他条件不变时，使用一个较大的置信水平会得到一个比较宽的置信区间，而使用一个较大的样本则会得到一个较准确（较窄）的区间。换言之，较宽的区间会有更大的可能性包含参数。但实际应用中，过宽的区间往往没有实际意义。比如，天气预报说"下一年的降雨量是 0 ~ 10 000 mm"，虽然这很有把握，但有什么意义呢？另外，要求过于准确（过窄）的区间同样不一定有意义，因为过窄的区间虽然看上去很准确，但把握性就会降低，除非无限制增加样本量，而现实中样本量总是受限的。由此可见，区间估计总是要给结论留些余地。

5.2.2　总体均值的区间估计

在对总体均值进行区间估计时，需要考虑总体是否为正态分布、总体方差是否已知、用于估计的样本是大样本（$n \geqslant 30$）还是小样本（$n < 30$）等几种情况。但不管哪种情况，总体均值的置信区间都是由样本均值加减估计误差得到的。那么，怎样计算估计误差呢？估计误差由两部分组成：一是点估计量的标准误，它取决于样本统计量的抽样分布；二是估计时所要求的置信水平为 $1-\alpha$ 时，统计量分布两侧面积各为 $\alpha/2$ 时的分位数值，它取决于事先确定的置信水平。用 E 表示估计误差，总体均值在 $1-\alpha$ 置信水平下的置信区间可一般性地表达为：

$$\bar{x} \pm E = \bar{x} \pm (\text{分位数值} \times \bar{x} \text{的标准误}) \tag{5.5}$$

1. 大样本的估计

在大样本（$n \geqslant 30$）情况下，由中心极限定理可知，样本均值 $\bar{x}$ 近似服从期望值为 μ、方差为 σ^2/n 的正态分布。而样本均值经过标准化后则服从标准正态分布，即 $z = \dfrac{\bar{x} - \mu}{\sigma/\sqrt{n}} \sim N(0,1)$。当总体标准差 σ 已知时，标准化时使用 σ；当 σ 未知时，则用样本标准差 s 代替。因此，可以由正态分布构建总体均值在 $1-\alpha$ 置信水平下的置信区间。

当总体方差 σ^2 已知时，总体均值 μ 在 $1-\alpha$ 置信水平下的置信区间为：

$$\bar{x} \pm z_{\alpha/2} \frac{\sigma}{\sqrt{n}} \tag{5.6}$$

式中：$\bar{x} - z_{\alpha/2}\dfrac{\sigma}{\sqrt{n}}$ 称为置信下限，$\bar{x} + z_{\alpha/2}\dfrac{\sigma}{\sqrt{n}}$ 称为置信上限；α 是事先所确定的一个概率值，它是总体均值不包括在置信区间的概率；$1-\alpha$ 称为置信水平，α 称为显著性水平；$z_{\alpha/2}$ 是标准正态分布两侧面积各为 $\alpha/2$ 时的分位数值；$z_{\alpha/2}\dfrac{\sigma}{\sqrt{n}}$ 是估计误差 E。

当总体方差 σ^2 未知时，式（5.6）中的 σ 可以用样本标准差 s 代替，这时总体均值 μ 在 $1-\alpha$ 置信水平下的置信区间为：

$$\bar{x} \pm z_{\alpha/2}\frac{s}{\sqrt{n}} \tag{5.7}$$

例 5-4（数据：example5_4）在某批次袋装食品中，随机抽取 50 袋进行检测，得到的每袋重量见表 5-2。

表 5-2 50 袋食品的重量数据　　（单位：克）

489.9	494.5	499.3	499.6	503.1	497.7	499.1	499.6	494.1	500.9
500.3	501.0	494.8	496.6	484.5	501.2	499.6	498.1	504.2	501.7
505.7	500.7	497.1	500.4	501.1	499.8	501.0	500.3	500.8	501.1
509.3	509.3	503.5	507.1	505.8	500.2	494.4	505.0	502.0	496.5
495.0	495.7	501.8	498.4	502.2	502.6	500.8	493.4	508.6	490.6

估计该批食品平均重量的 95% 的置信区间：（1）假定总体方差为 25 克。（2）假定总体方差未知。

解（1）已知 $\sigma=5$，$n=50$，$1-\alpha=95\%$。由 Python 函数 norm.ppf(0.975, loc=0, scale=1) 得 $z_{\alpha/2}=1.95996$。根据样本数据计算得：$\bar{x}=499.8$。根据式（5.6）得：

$$\bar{x} \pm z_{\alpha/2}\frac{\sigma}{\sqrt{n}} = 499.8 \pm 1.95996 \times \frac{5}{\sqrt{50}} = 499.8 \pm 1.3859$$

即：（498.4141，501.1859），该批食品平均重量的 95% 的置信区间为 498.414 ~ 501.186 克。

（2）由于总体方差未知，需要用样本方差代替。根据样本数据计算得：$s=4.83$。根据式（5.7）得：

$$\bar{x} \pm z_{\alpha/2}\frac{s}{\sqrt{n}} = 499.8 \pm 1.95996 \times \frac{4.83}{\sqrt{50}} = 499.8 \pm 1.3388$$

即：（498.4612，501.1388），该批食品平均重量的 95% 的置信区间为 498.461 ~ 501.139 克。

总体方差已知时，可以使用 Python 中的 norm.interval 函数计算置信区间；总体方差未知时，可以使用 st.norm.interval 函数计算置信区间。代码和结果如代码框 5-3 所示。

代码框 5 - 3　计算总体均值的置信区间（大样本）

```
# （1）已知总体标准差等于5
import pandas as pd
import numpy as np
from scipy.stats import norm

example5_4 = pd.read_csv('C:/pdata/example/chap05/example5_4.csv', encoding='gbk')
x = example5_4[' 食品重量 ']

conf_level = 0.95                          # 设置置信水平
xbar = x.mean(); sigma = 5; n = len(x)     # 计算样本均值、标准差、样本量

interval = norm.interval(alpha=conf_level, loc=xbar, scale=sigma/np.sqrt(n))   # 计算置信区间
print(f" 样本均值为：{xbar: .4f}\n95% 置信区间为：{np.round(interval, 4)}")      # 打印结果
```

样本均值为：499.8000
95% 置信区间为：[498.4141 501.1859]

注：Python 中的 interval 函数只用于计算区间，公式是 loc± 分位数 *scale（标准误），函数参数不涉及样本量 n，需要手动加入。参数 alpha 的值指定置信水平。

```
# （2）总体标准差未知，用样本标准差代替
import pandas as pd; import numpy as np; import scipy.stats as st
int=st.norm.interval(0.95, loc=np.mean(example5_4), scale=st.sem(example5_4))
np.round(int, 4)            # 以数组形式返回置信区间
```

---

array([[498.4612],
       [501.1388]])

注：位置参数（样本均值）loc 默认为 0；尺度参数（标准误）scale 默认为 1。

2. 小样本的估计

在小样本（$n < 30$）情况下，对总体均值的估计都是建立在总体服从正态分布的假定前提下。如果正态总体的 σ 已知，样本均值经过标准化后仍然服从标准正态分布，此时可根据正态分布使用式（5.6）建立总体均值的置信区间。如果正态总体的 σ 未知，则用样本方差 s 代替，这时样本均值经过标准化后则服从自由度为 $n-1$ 的 t 分布，即 $t = \dfrac{\overline{x} - \mu}{s / \sqrt{n}} \sim t(n-1)$。因此需要使用 t 分布构建总体均值的置信区间。在 $1 - \alpha$ 置信水平下，总体均值的置信区间为：

$$\overline{x} \pm t_{\alpha/2} \frac{s}{\sqrt{n}} \tag{5.8}$$

例 5-5（数据：example5_5）从某种型号的手机电池中随机抽取 10 块，测得其使用寿命数据见表 5-3。

表 5-3　10 块手机电池的使用寿命数据　　　　　　　　（单位：小时）

10 018	10 638	9 803	10 488	11 192	9 727	9 907	9 234	10 282	9 073

假定电池使用寿命服从正态分布，建立该种型号手机电池平均使用寿命的 95% 的置信区间。（1）假定总体标准差为 500 小时。（2）假定总体标准差未知。

解（1）虽然为小样本，但总体方差已知，因此可按式（5.7）计算置信区间。由 Python 函数 norm.ppf(0.975, loc=0, scale=1) 得 $z_{\alpha/2}=1.959\,96$。由样本数据计算得：$\bar{x}=10036.2$。根据式（5.6）得：

$$\bar{x} \pm z_{\alpha/2}\frac{\sigma}{\sqrt{n}} = 10\,036.2 \pm 1.959\,96 \times \frac{500}{\sqrt{10}} = 10\,036.2 \pm 309.897\,5$$

即：（9 726.302，10 346.098）。该批手机电池平均使用寿命的 95% 的置信区间为 9 726.302 ～ 10 346.098 小时。

（2）由于是小样本，且总体标准差未知，因此需要用 t 分布建立置信区间。由 Python 函数 t.ppf(0.975, df=9) 得 $t_{\alpha/2}=2.262\,157$。由样本数据计算得：$\bar{x}=10\,036.2$，$s=641.254\,6$。根据式（5.8）得：

$$\bar{x} \pm t_{\alpha/2}\frac{s}{\sqrt{n}} = 10\,036.2 \pm 2.262\,157 \times \frac{641.254\,6}{\sqrt{10}} = 10\,036.2 \pm 458.725\,9$$

即：（9 577.474，10 494.926），该批手机电池平均使用寿命的 95% 的置信区间为 9 577.474 ～ 10 494.926 小时。

总体方差已知时，可以使用 Python 中的 norm.interval 函数计算置信区间；总体方差未知时，可以使用 st.t.interval 函数计算置信区间。代码和结果如代码框 5-4 所示。

代码框 5-4　计算总体均值的置信区间（小样本）

```python
# （1）已知总体标准差等于 500
import pandas as pd
import numpy as np
from scipy.stats import norm

example5_5 = pd.read_csv('C:/pdata/example/chap05/example5_5.csv', encoding='gbk')
x = example5_5['使用寿命']

conf_level = 0.95                                    # 设置置信水平
xbar = x.mean(); sigma = 500; n = len(x)             # 计算样本均值、标准差、样本量

interval = norm.interval(alpha=conf_level, loc=xbar, scale=sigma/np.sqrt(n))    # 计算置信区间
print(f" 样本均值为：{xbar: .4f}\n95% 置信区间为：{np.round(interval, 4)}")      # 打印结果
```

样本均值为：10036.2000

95% 置信区间为：[9726.3025 10346.0975]

（2）总体标准差未知，用样本标准差代替

import pandas as pd; import numpy as np; import scipy.stats as st

int=st.t.interval(0.95, len(example5_5)-1, loc=np.mean(example5_5), scale=st.sem(example5_5))

np.round(int, 4)   # 以数组形式返回置信区间，可用 pd.DataFrame(int) 输出数据框

---

array([[9577.4741],

      [10494.9259]])

自由度 len 默认为 n；位置参数（样本均值）loc 默认为 0；尺度参数（标准误）scale 默认为 1。

表 5 - 4 总结了不同情况下总体均值的区间估计公式。

表 5 - 4　不同情况下总体均值的区间估计公式

总体分布	样本量	σ 已知	σ 未知
正态分布	大样本 ($n \geqslant 30$)	$\bar{x} \pm z_{\alpha/2} \dfrac{\sigma}{\sqrt{n}}$	$\bar{x} \pm z_{\alpha/2} \dfrac{s}{\sqrt{n}}$
	小样本 ($n < 30$)	$\bar{x} \pm z_{\alpha/2} \dfrac{\sigma}{\sqrt{n}}$	$\bar{x} \pm t_{\alpha/2} \dfrac{s}{\sqrt{n}}$
非正态分布	大样本 ($n \geqslant 30$)	$\bar{x} \pm z_{\alpha/2} \dfrac{\sigma}{\sqrt{n}}$	$\bar{x} \pm z_{\alpha/2} \dfrac{s}{\sqrt{n}}$

5.2.3　总体比例的区间估计

这里只讨论大样本情况下总体比例的估计问题[1]。由样本比例 p 样分布可知，当样本量足够大时，比例 p 近似服从期望值为 $E(p) = \pi$、方差为 $\sigma_p^2 = \dfrac{\pi(1-\pi)}{n}$ 的正态分布。而样本比例经标准化后则服从标准正态分布，即 $z = \dfrac{p-\pi}{\sqrt{\pi(1-\pi)/n}} \sim N(0,1)$。因此，可由正态分布建立总体比例的置信区间。与总体均值的区间估计类似，总体比例的置信区间是 π 的点估计值 $p \pm$ 估计误差得到的。用 E 表示估计误差，π 在 $1-\alpha$ 置信水平下的置信区间可一般地表达为：

$$p \pm E = p \pm (\text{分位数值} \times p \text{的标准误}) \tag{5.9}$$

因此，总体比例 π 在 $1-\alpha$ 置信水平下的置信区间为：

---

[1]　对于总体比例的估计，确定样本量是否"足够大"的一般经验规则是：区间 $p \pm 2\sqrt{p(1-p)/2}$ 中不包含 0 或 1。或者要求 $np \geqslant 10$ 和 $n(1-p) \geqslant 10$。

$$p \pm z_{\alpha/2} \sqrt{\frac{p(1-p)}{n}} \qquad (5.10)$$

式中：$z_{\alpha/2}$ 是标准正态分布上两侧面积各为 $\alpha/2$ 时的 z 值；$z_{\alpha/2} \sqrt{\dfrac{p(1-p)}{n}}$ 是估计误差 E。

例 5－6　某城市交通管理部门想要估计赞成机动车限行的人数的比例，随机抽取了 100 个人，其中 65 人表示赞成。试以 95% 的置信水平估计该城市赞成机动车限行的人数比例的置信区间。

解　已知 $n=100$，由 Python 函数 norm.ppf(0.975, loc=0, scale=1) 得 $z_{\alpha/2}=1.959\,96$。根据样本结果计算的样本比例为 $p=\dfrac{65}{100}=65\%$。

根据式（5.10）得：

$$p \pm z_{\alpha/2} \sqrt{\frac{p(1-p)}{n}} = 65\% \pm 1.959\,96 \times \sqrt{\frac{65\% \times (1-65\%)}{100}}$$

即 65%±9.35%=（55.65%，74.35%），该城市赞成机动车限行的人数比例 95% 的置信区间为 55.65% ～ 74.35%。

计算总体比例置信区间的代码和结果如代码框 5－5 所示。

代码框 5－5　计算总体比例的置信区间

```python
# 赞成比例的 95% 的置信区间
import numpy as np
from scipy.stats import norm

conf_level = 0.95
n = 100; x = 65
p = x / n

interval = norm.interval(alpha=conf_level, loc=p, scale=np.sqrt(p*(1-p)/n))
print(f" 赞成的人数比例 95% 置信区间为：{np.round(interval, 4)}")
```

赞成的人数比例 95% 置信区间为：[0.5565 0.7435]

5.3　假设检验

假设检验是推断统计的另一项重要内容，它与参数估计类似，但角度不同。参数估计是利用样本信息推断未知的总体参数，而假设检验则是先对总体参数提出一个假设值，然后利用样本信息判断这一假设是否成立。本节首先介绍假设检验的基本步骤，然后介绍总体均值和总体比例的检验方法。

5.3.1 假设检验的步骤

假设检验的基本思路：首先对总体提出某种假设，然后抽取样本获得数据，再根据样本提供的信息判断假设是否成立。

1. 提出假设

假设（hypothesis）是对总体的某种看法。在参数检验中，假设就是对总体参数的具体数值所做的陈述。比如，虽然不知道一批灯泡的平均使用寿命是多少，不知道一批产品的合格率是多少，不知道全校学生的月生活费支出的方差是多少，但可以事先提出一个假设值。比如，这批灯泡的平均使用寿命是 12 000 小时，这批产品的合格率是 98%，全校学生月生活费支出的方差是 10 000，等等，这些陈述就是对总体参数提出的假设。

假设检验（hypothesis test）是在对总体提出假设的基础上，利用样本信息判断假设是否成立的统计方法。比如，假设全校学生月生活费支出的均值是 2 000 元，然后从全校学生中抽取一个样本，根据样本信息检验月平均生活费支出是否为 2 000 元，这就是假设检验。

做假设检验时，首先要提出两种假设，即原假设和备择假设。

原假设（null hypothesis）是研究者想收集证据予以推翻的假设，用 H_0 表示。原假设表达的含义通常是指参数没有变化或变量之间没有关系，因此等号"="总是放在原假设上。以总体均值的检验为例，设参数的假设值为 μ_0，原假设总是写成 $H_0:\mu=\mu_0$、$H_0:\mu\geq\mu_0$ 或 $H_0:\mu\leq\mu_0$。原假设最初被假设是成立的，之后根据样本数据确定是否有足够的证据拒绝原假设。

备择假设（alternative hypothesis）通常是研究者想收集证据予以支持的假设，用 H_1 或 H_a 表示。备择假设所表达的含义通常是总体参数发生了变化或变量之间有某种关系。以总体均值的检验为例，备择假设的形式总是为 $H_1:\mu\neq\mu_0$、$H_1:\mu<\mu_0$ 或 $H_1:\mu>\mu_0$。备择假设通常用于表达研究者自己倾向于支持的看法，然后就是想办法收集证据拒绝原假设，以支持备择假设。

在假设检验中，如果备择假设没有特定的方向，并含有符号"≠"，这样的假设检验称为**双侧检验**或**双尾检验**（two-tailed test）。如果备择假设具有特定的方向，并含有符号">"或"<"，这样的假设检验称为**单侧检验**或**单尾检验**（one-tailed test）。备择假设含有"<"符号的单侧检验称为**左侧检验**，而备择假设含有">"符号的单侧检验称为**右侧检验**。

下面通过几个例子来说明确定原假设和备择假设的大体思路。

例 5-7 一种零件的标准直径为 50 mm，为对生产过程进行控制，质量监测人员定期对一台加工机床进行检查，确定这台机床生产的零件是否符合标准要求。如果零件的平均直径大于或小于 50 mm，表示生产过程不正常，必须进行调整。陈述用来检验生产过程是否正常的原假设和备择假设。

解 设这台机床生产的所有零件平均直径的真值为 μ。若 $\mu=50$，表示生产过程正常，若 $\mu>50$ 或 $\mu<50$，表示生产过程不正常，研究者要检验这两种可能情形中的任何一种。因此，研究者想收集证据予以推翻的假设应该是"生产过程正常"，而想收集证据

予以支持的假设是"生产过程不正常"（因为如果研究者事先认为生产过程正常，也就没有必要进行检验了），所以建立的原假设和备择假设应为：

$H_0: \mu = 50$（生产过程正常）；$H_1: \mu \neq 50$（生产过程不正常）。

例 5 - 8 产品的外包装上都贴有标签，标签上通常标有该产品的性能说明、成分指标等信息。某 550 ml 瓶装饮用天然水外包装标签上标识：每 100 ml（毫升）钙的含量 ≥ 400 μg（微克）。如果是消费者来做检验，应该提出怎样的原假设和备择假设？如果是生产厂家自己来做检验，又会提出怎样的原假设和备择假设？

解 设每 100 ml 水中钙的含量均值为 μ。消费者做检验的目的是想寻找证据推翻标签中的说法，即 $\mu \geq 400 \mu g$（如果对标签中的数值没有质疑，也就没有检验的必要了），而想支持的观点则是标签中的说法不正确，即 $\mu < 400 \mu g$。因此，提出的原假设和备择假设应为：

$H_0: \mu \geq 400$（标签中的说法正确）；$H_1: \mu < 400$（标签中的说法不正确）。

如果是生产厂家自己做检验，生产者自然是想办法来支持自己的看法，也就是想寻找证据证明标签中的说法是正确的，即 $\mu > 400$，而想推翻的则是 $\mu \leq 400$，因此会提出与消费者观点不同（方向相反）的原假设和备择假设，即：

$H_0: \mu \leq 400$（标签中的说法不正确）；$H_1: \mu > 400$（标签中的说法正确）。

例 5 - 9 一家研究机构认为，某城市中在网上购物的家庭比例超过 90%。为验证这一估计是否正确，该研究机构随机抽取了若干个家庭进行检验。试陈述用于检验的原假设和备择假设。

解 设网上购物的家庭的比例真值为 π。显然，研究者想收集证据予以支持的假设是"该城市中在网上购物的家庭比例超过 90%"。因此建立的原假设和备择假设应为：

$H_0: \pi \leq 90\%$；$H_1: \pi > 90\%$。

通过上面的例子可以看出，原假设和备择假设是一个完备事件组，而且相互对立。这意味着，在一项检验中，原假设和备择假设必有一个成立，而且只有一个成立。此外，假设的确定带有一定的主观色彩，因为"研究者想推翻的假设"和"研究者想支持的假设"最终仍取决于研究者本人的意向，所以，即使是对同一个问题，由于研究目的不同，也可能提出截然不同的假设。但无论怎样，只要假设的建立符合研究者的最终目的便是合理的。

2. 确定显著性水平

假设检验是根据样本信息做出决策，那么，无论是拒绝或不拒绝原假设，都有可能犯错误。研究者总是希望能做出正确的决策，但由于决策是建立在样本信息的基础之上，而样本又是随机的，因而就有可能犯错误。

原假设和备择假设不能同时成立，决策的结果要么拒绝原假设，要么不拒绝原假设。决策时总是希望当原假设正确时没有拒绝它，当原假设不正确时拒绝它，但实际上很难保证不犯错误。一种情形是原假设是正确的却拒绝了它，这时所犯的错误称为**第 I 类错误**（type I error），犯第 I 类错误的概率记为 α，因此也被称为 α 错误。另一种情形是原假设是错误的却没有拒绝它，这时所犯的错误称为**第 II 类错误**（type II error），犯第 II 类错误的概率记为 β，因此也称 β 错误。

在假设检验中，只要做出拒绝原假设的决策，就有可能犯第 I 类错误，只要做出不拒绝原假设的决策，就有可能犯第 II 类错误。直观上说，这两类错误的概率之间存在这样的关系：在样本量不变的情形下，要减小 α 就会使 β 增大，而要减小 β 就会使 α 增大，两类错误就像一个跷跷板。人们自然希望犯两类错误的概率都尽可能小，但实际上难以做到。要使 α 和 β 同时减小的唯一办法是增加样本量，但样本量的增加又会受许多因素的限制，所以人们只能在两类错误的发生概率之间进行平衡，以将 α 和 β 控制在能够接受的范围内。一般来说，对于一个固定的样本，如果犯第 I 类错误的代价比犯第 II 类错误的代价高，则将犯第 I 类错误的概率定得低些较为合理；反之，则可以将犯第 I 类错误的概率定得高些。那么，检验时先控制哪类错误呢？一般来说，发生哪一类错误的后果更严重，就应该首要控制哪类错误发生的概率。但由于犯第 I 类错误的概率可以由研究者事先控制，而犯第 II 类错误的概率则相对难以计算，因此在假设检验中，人们往往先控制第 I 类错误的发生概率。

假设检验中，犯第 I 类错误的概率也称为**显著性水平**（level of significance），记为 α。它是人们事先确定的犯第 I 类错误概率的最大允许值。显著性水平 α 越小，犯第 I 类错误的可能性自然就越小，但犯第 II 类错误的可能性则随之增大。实际应用中，究竟确定一个多大的显著性水平值合适呢？一般情形下，人们认为犯第 I 类错误的后果更严重一些，因此通常会取一个较小的 α 值（一般要求 α 取小于或等于 0.1 的任何值）。通常选择显著性水平为 0.05 或比 0.05 更小的概率，当然也可以取其他值。实际中常用的显著性水平有 $\alpha = 0.01$、$\alpha = 0.05$、$\alpha = 0.1$ 等。

3. 做出决策

提出具体的假设之后，研究者需要提供可靠的证据来支持他所关注的备择假设。在例 5-8 中，如果你想证实产品标签上的说法不属实，即检验假设：$H_0 : \mu \geq 400$；$H_1 : \mu < 400$，抽取一个样本得到的样本均值为 390 μg，你是否拒绝原假设呢？如果样本均值是 410 μg，你是否就不拒绝原假设呢？做出拒绝或不拒绝原假设的依据是什么？传统检验中，决策依据的是样本统计量；现代检验中，人们直接根据样本数据算出犯第 I 类错误的概率，即所谓的 **P 值**（p-value）。检验时做出决策的依据是：原假设成立时小概率事件不应发生，如果小概率事件发生了，就应当拒绝原假设。统计上，通常把 $P \leq 0.1$ 的值统称为小概率。

（1）用统计量决策（传统做法）。

传统决策方法是首先根据样本数据计算出用于决策的**检验统计量**（test statistic）。比如要检验总体均值，我们自然会想到要用样本均值作为判断标准。但样本均值 $\bar{x}$ 是总体均值 μ 的一个点估计量，它并不能直接作为判断的依据，只有将其标准化后，才能用于度量它与原假设的参数值之间的差异程度。对于总体均值和总体比例的检验，在原假设 H_0 为真的条件下，根据点估计量的抽样分布可以得到**标准化检验统计量**（standardized test statistic）：

$$标准化检验统计量 = \frac{点估计量 - 假设值}{点估计量的标准误} \tag{5.11}$$

标准化检验统计量反映了点估计值（比如样本均值）与假设的总体参数（比如假设的总体均值）相比相差多少个标准误的距离。虽然检验统计量是一个随机变量，随样本观测结果的不同而变化，但只要已知一组特定的样本观测结果，检验统计量的值也就唯一确定了。

有了检验统计量就可以建立决策准则。根据事先设定的显著性水平 α，可以在统计量的分布上找到相应的**临界值**（critical value）。由显著性水平和相应的临界值围成的一个区域称为**拒绝域**（rejection region）。如果统计量的值落在拒绝域内就拒绝原假设，否则就不拒绝原假设。拒绝域的大小与设定的显著性水平有关。当样本量固定时，拒绝域随 α 的减小而减小。显著性水平、拒绝域和临界值的关系可通过图 5-9 来表示。

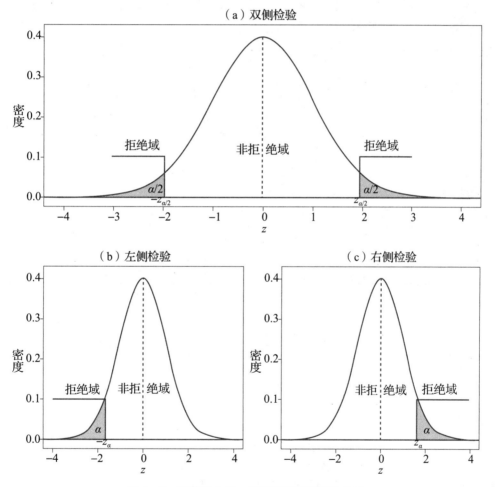

图 5-9 显著性水平、拒绝域和临界值的关系

从图 5-9 可以得出利用统计量做检验时的决策准则：

双侧检验：｜统计量｜＞临界值，拒绝原假设。

左侧检验：统计量的值 <- 临界值，拒绝原假设。

右侧检验：统计量的值 ＞临界值，拒绝原假设。

彩图 5-9

介绍传统的统计量决策方法只是帮助读者理解假设检验的原理，但不推荐使用。

（2）用 P 值决策（现代做法）。

统计量检验是根据事先确定显著性水平 α 围成的拒绝域做出决策，不论检验统计量的值是大还是小，只要它落入拒绝域就拒绝原假设，否则就不拒绝原假设。这样，无论统计量落在拒绝域的什么位置，也只能说犯第Ⅰ类错误的概率是 α。但实际上，α 是犯第Ⅰ类错误的上限控制值，统计量落在拒绝域的不同位置，决策时所犯第Ⅰ类错误的概率是不同的。如果能把犯第Ⅰ类错误的真实概率算出来，就可以直接用这个概率做出决策，而不需要管什么事先设定的显著性水平 α。这个犯第Ⅰ类错误的真实概率就是 P 值，它是指当原假设正确时，所得到的样本结果会像实际观测结果那么极端或得到更极端的概率，也称为**观察到的显著性水平**（observed significance level）或实际显著性水平。如图 5-10 所示为拒绝原假设时的 P 值与设定显著性水平 α 的比较。

彩图 5-10

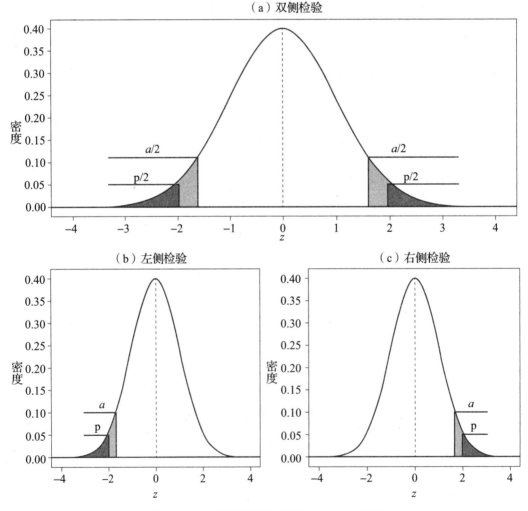

图 5-10 P 值与设定的显著性水平 α 的比较

用 P 值决策的规则很简单：如果 $P < \alpha$，拒绝 H_0；如果 $P > \alpha$，不拒绝 H_0（双侧检验将两侧面积的总和定义为 P）。

P 值决策优于统计量决策。与传统的统计量决策相比，P 值决策提供了更多的信息。比如，根据事先确定的 α 进行决策时，只要统计量的值落在拒绝域，无论它在哪个位置，拒绝原假设的结论都是一样的（只能说犯第 I 类错误的概率是 α）。但实际上，统计量落在拒绝域不同的地方，实际的显著性是不同的。比如，统计量落在临界值附近与落在远离临界值的地方，实际的显著性就有较大差异。而 P 值是根据实际统计量算出的显著性水平，它告诉我们实际的显著性水平是多少。如图 5-11 所示为拒绝原假设时的两个不同统计量的值及其 P 值，容易看出统计量决策与 P 值决策的差异。

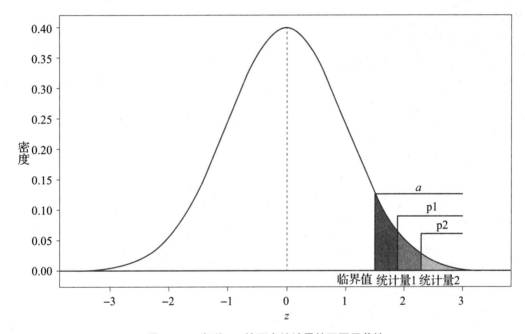

图 5-11　拒绝 H_0 的两个统计量的不同显著性

4. 表述结果

在假设检验中，当拒绝 H_0 时称样本结果是"统计上显著的"；不拒绝 H_0 则称结果是"统计上不显著的"。当 $P < \alpha$、拒绝 H_0 时，表示有足够的证据证明 H_0 是错误的；当不拒绝 H_0 时，通常不说"接受 H_0"。因为"接受" H_0 的表述隐含着证明了 H_0 是正确的。实际上，P 值只是推翻原假设的

彩图 5-11

证据，而不是原假设正确的证据。没有足够的证据拒绝原假设并不等于已经"证明"了原假设是真的，它仅仅意味着目前还没有足够的证据拒绝 H_0。比如，在 $\alpha = 0.05$ 的显著性水平上检验假设：$H_0: \mu = 50$，$H_1: \mu \neq 50$，假定据样本数据算出的 $P = 0.02$，由于 $P < \alpha$，拒绝 H_0，表示有证据表明 $\mu \neq 50$。如果 $P = 0.2$、不拒绝 H_0，我们也没有证明 $\mu = 50$，所以将结论描述为：没有证明表明 μ 不等于 100。

此外，采取"不拒绝 H_0"而不是"接受 H_0"的表述方法，也避免了第 II 类错误发生的风险，因为"接受 H_0"所得结论可靠性由第 II 类错误的概率 β 来度量，而 β 的控制又相对复杂，有时甚至根本无法知道 β 的值（除非你能确切给出 β，否则就不宜表述成"接受"原假设）。当然，不拒绝 H_0 并不意味着 H_0 为真的概率很高，它只是意味着拒绝 H_0 需要更多的证据。

5.3.2 总体均值的检验

在对总体均值进行检验时，采用什么检验统计量取决于所抽取的样本是大样本（$n \geqslant 30$）还是小样本（$n < 30$），此外还需要考虑总体是否服从正态分布、总体方差 σ^2 是否已知等几种情形。

1. 大样本的检验

在大样本情况下，样本均值的抽样分布近似服从正态分布，其标准误为 $\sigma / \sqrt{n}$。将样本均值 $\bar{x}$ 标准化后即可得到检验的统计量。由于样本均值标准化后服从标准正态分布，因而采用正态分布的检验统计量。

设假设的总体均值为 μ_0，当总体方差 σ^2 已知时，总体均值检验的统计量为：

$$z = \frac{\bar{x} - \mu_0}{\sigma / \sqrt{n}} \tag{5.12}$$

当总体方差 σ^2 未知时，可以用样本方差 s^2 来代替，此时总体均值检验的统计量为：

$$z = \frac{\bar{x} - \mu_0}{s / \sqrt{n}} \tag{5.13}$$

例 5-10 一种罐装饮料采用自动生产线生产，每罐的容量是 255 ml，标准差为 5 ml。为检验每罐容量是否符合要求，质检人员在某天生产的饮料中随机抽取 40 罐进行检验，测得每罐平均容量为 255.8 ml。取显著性水平 $\alpha = 0.05$，检验该天生产的饮料容量是否符合标准要求。

解 此时关心的是饮料容量是否符合要求，也就是 μ 是否为 255 ml，大于或小于 255 ml 都不符合要求，因而属于双侧检验问题。提出的原假设和备择假设为：

$H_0 : \mu = 255$；$H_1 : \mu \neq 255$

检验统计量为：

$$z = \frac{255.8 - 255}{5 / \sqrt{40}} = 1.0119$$

检验统计量数值的含义是：样本均值与假设的总体均值相比，相差 1.011 9 个标准误。

由 Python 函数得双尾检验的 P=2*(1−(norm.cdf(1.011 9, loc=0, scale=1)))=0.311 6，不拒绝原假设，表明样本提供的证据还不足以推翻原假设，因此没有证据表明该天生产的饮料不符合标准要求。

计算检验统计量和 P 值的代码和结果如代码框 5-6 所示。

> **代码框 5-6　总体均值的检验（大样本）**
>
> ```python
> # 总体方差已知条件下大样本的检验
> z=(255.8-255)/(5/pow(40, 1/2))    # 计算统计量
> P=2*(1-norm.cdf(z, loc=0, scale=1))  # 计算 P 值
> print(' 统计量：z =', round(z, 4), '\n''p_value =', round(p, 4))
> ```
>
> 统计量：z = 1.0119
> p_value = 0.3116

例 5-11（数据：example5_11）一种袋装牛奶的外包装标签上标示：每 100 克牛奶的蛋白质含量 ≥ 3 克。有消费者认为，标签上的说法不属实。为检验消费者的说法是否正确，一家研究机构随机抽取 50 袋进行检验，得到的检测结果见表 5-5。

表 5-5　50 袋牛奶蛋白质含量的检测数据　　　　　　（单位：克）

2.96	2.96	2.92	3.01	2.96
2.95	3.07	2.86	2.95	2.96
2.98	2.91	2.95	3.04	2.86
2.94	2.93	2.91	2.95	2.91
2.84	3.13	3.02	3.02	2.94
2.98	2.92	3.06	3.06	2.89
3.05	2.99	3.00	3.00	3.02
2.88	3.03	3.01	3.05	2.98
2.98	3.00	2.93	2.98	3.05
2.97	2.81	2.90	3.04	3.03

检验每 100 克牛奶中的蛋白质含量是否低于 3 克：

（1）假定总体标准差为 0.07 克，显著性水平为 0.01。

（2）假定总体标准差未知，显著性水平为 0.05。

解（1）这里想支持的观点是每 100 克牛奶中的蛋白质含量是低于 3 克，也就是 μ 小于 3，属于左侧检验。提出的假设为：

$H_0 : \mu \geq 3$（消费者的说法不正确）；$H_1 : \mu < 3$（消费者的说法正确）。

根据样本数据计算得：$\bar{x} = 2.9708$。根据式（5.12）得检验统计量为：

$$z = \frac{2.9708 - 3}{0.07 / \sqrt{50}} = -2.949645$$

由 Python 函数得 $P=\text{norm.cdf}(-2.949\,645, \text{loc}=0, \text{scale}=1)=0.001\,591$。由于 $P < \alpha = 0.01$，拒绝原假设，表明每 100 克牛奶中的蛋白质含量显著低于 3 克。

（2）由于总体标准差未知，用样本标准差代替，使用式（5.13）作为检验的统计量。根据样本数据计算得 $s = 0.065\,647$，检验统计量为：

$$z = \frac{2.970\,8 - 3}{0.065\,647 / \sqrt{50}} = -3.145\,226$$

由 Python 函数得 $\text{norm.cdf}(-3.145\,226, \text{loc}=0, \text{scale}=1)=0.000\,830$。由于 $P < \alpha = 0.05$，拒绝原假设，表明每 100 克牛奶中的蛋白质含量显著低于 3 克。

总体方差已知条件下，大样本的检验的代码和结果如代码框 5-7 所示。

代码框 5-7　总体均值的检验（大样本）

```
# （1）总体方差已知条件下大样本的检验
import pandas as pd
from scipy.stats import norm
example5_11 = pd.read_csv('C:/pdata/example/chap05/example5_11.csv', encoding='gbk')

xbar = example5_11.mean(); mu0=3; sigma = 0.07; n = len(example5_11)
                            # 计算样本均值、标准差、样本量
z=(xbar-mu0)/(sigma/pow(n, 1/2))  # 计算统计量
p_value=norm.cdf(z, loc=0, scale=1)   # 计算 P 值

print(' 样本均值 ',round(xbar, 4), ' 检验统计量 z =', round(z, 4), 'p_value', p_value)
```

```
样本均值蛋白质含量 2.9708
dtype: float64 检验统计量 z = 蛋白质含量 -2.9496
dtype: float64 p_value [0.00159069]
```

```
# （2）总体方差未知条件下大样本的检验
from statsmodels.stats.weightstats import ztest

z, p_value = ztest(example5_11[' 蛋白质含量 '], value=3, alternative='smaller')
print(f" 样本均值 ={example5_11[' 蛋白质含量 '].mean():.4f}，z 统计量值 ={z:.4f}，p 值 ={p_value: .4f}")
```

```
样本均值 = 2.9708，z 统计量值 =-3.1452，p 值 = 0.0008
```

---

2. 小样本的检验

在小样本（$n < 30$）情形下，检验时首先假定总体服从正态分布 [①]。检验统计量的选

[①] 如果无法确定总体是否服从正态分布，可以考虑将样本量增大到 30 以上，然后按大样本的方法进行检验。当然也可以事先对总体的正态性进行检验，此部分内容超出了本书范围，有兴趣的读者请参阅贾俊平著《统计学——基于 SPSS 》（第 4 版），中国人民大学出版社，2022。

择与总体方差是否已知有关。

当总体方差 σ^2 已知时，即使是在小样本情况下，样本均值经标准化后仍然服从标准正态分布，此时可按式（5.12）对总体均值进行检验。

当总体方差 σ^2 未知时，需要用样本方差 s^2 代替 σ^2，此时式（5.13）检验统计量不再服从标准正态分布，而是服从自由度为 $(n-1)$ 的 t 分布。因此需要采用 t 分布进行检验。通常称之为"t 检验"。检验的统计量为：

$$t = \frac{\bar{x} - \mu_0}{s/\sqrt{n}} \qquad (5.14)$$

例 5－12（数据：example5_12）某大学的管理人员认为，大学生每天用手机玩游戏的时间超过 2 小时。为此，该管理人员随机抽取 20 个学生做了调查，得到每天用手机玩游戏的时间见表 5－6。

表 5－6　学生每天用手机玩游戏的时间（单位：小时）

2.2	2.5	2.4	1.5	0.3	3.5	2.4	0.9	3.3	2.9
2.8	1.6	2.2	3.8	4.0	1.8	3.0	1.7	0.8	3.4

假定每天用手机玩游戏的时间服从正态分布，检验大学生每天用手机玩游戏的时间是否显著超过 2 小时。

（1）假定每天用手机玩游戏时间的标准差为 0.8 小时，显著性水平为 0.05。

（2）假设总体标准差未知，显著性水平为 0.05。

（3）假设总体标准差未知，显著性水平为 0.1。

解（1）依题意建立如下假设：

$H_0: \mu \leqslant 2$；$H_1: \mu > 2$

由于总体标准差已知，虽然为小样本，但样本均值标准化后仍服从正态分布，因此可使用式（5.12）作为检验统计量。根据样本数据计算得 $\bar{x} = 2.35$，由式（5.12）得到统计量为：

$$z = \frac{2.35 - 2}{0.8/\sqrt{20}} = 1.956\,559$$

由 Python 函数 $1-$norm.cdf(1.956 559, loc=0, scale=1) 得 P=0.025 199 67。由于 $P < \alpha = 0.05$，拒绝原假设，有证据表明大学生每天用手机玩游戏的时间显著超过 2 小时。

（2）由于总体标准差未知，样本均值标准化后服从自由度为 $(n-1)$ 的 t 分布。因此需要用式（5.14）作为检验统计量。根据样本数据计算得 $s = 1.022\,638$，由式（5.14）得到统计量为：

$$t = \frac{2.35 - 2}{1.022\,638/\sqrt{20}} = 1.530\,597$$

由 Python 函数 $1-$t.cdf(1.530 597, df=19) 得 $P = 0.071\,174\,55$。由于 $P > \alpha = 0.05$，不拒

绝原假设，没有证据表明大学生每天用手机玩游戏的时间是否显著超过 2 小时。

（3）根据问题（2）的计算结果，由于 $P = 0.0711755 < \alpha = 0.1$，拒绝原假设，有证据表明大学生每天用手机玩游戏的时间显著超过 2 小时。

通过本例的检验结论可以看出，即使是对同一问题，由于给定的检验条件不同，可能会得出不同的结论。本例使用正态分布的检验结果与 t 检验的结果就不相同。此外，即使使用同一分布进行检验，由于事先设定的显著性水平不同，也可能得出不同的结论。比如，本例使用 0.05 和 0.1 的显著性水平的 t 检验就得出了不同的结论。

总体方差未知时，可使用 Python 的 scipy.stats 包中的 ttest_1samp 函数进行小样本检验，代码和结果如代码框 5−8 所示。

代码框 5−8　总体均值的检验（小样本）

```
#（1）已知总体标准差条件下的检验
mport pandas as pd
example5_12 = pd.read_csv('C:/pdata/example/chap05/example5_12.csv', encoding='gbk')

xbar = example5_12.mean(); mu0=2; sigma = 0.8; n = len(example5_12)
z=(xbar-mu0)/(sigma/pow(n, 1/2))            #计算统计量
p_value=1-norm.cdf(z, loc=0, scale=1)       #计算P值

print('样本均值', round(xbar, 4), '检验统计量 z =', round(z, 6), 'p_value', p_value)
```

样本均值游戏时间 2.35
dtype: float64 检验统计量 z = 游戏时间 1.956559
dtype: float64 p_value [0.02519964]

```
#（2）未知总体标准差条件下检验
import pandas as pd
from scipy.stats import ttest_1samp
example5_12 = pd.read_csv('C:/pdata/example/chap05/example5_12.csv', encoding='gbk')

t, p_value = ttest_1samp(a=example5_12['游戏时间'], popmean=2) # popmean 为假设的总体均值
print(f"样本均值={example5_12['游戏时间'].mean():.2f}, t统计量值={t:.4f}, p值={p_value/2:.4g}")
```

样本均值 = 2.35, t 统计量值 = 1.5306, p 值 = 0.07117

注：scipy 包中的单样本 t 检验函数只能进行双边检验，无法选择单尾，需要将双尾 p 值除以 2 得到单尾的 p 值。

如图 5−12 所示为一个总体均值检验的基本流程。

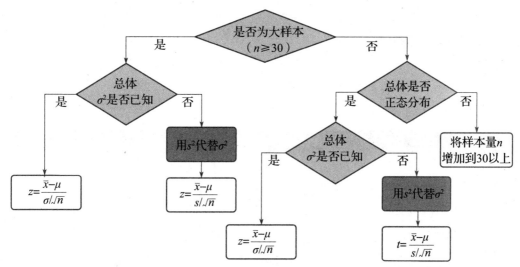

图 5 - 12　一个总体均值检验的基本流程

5.3.3　总体比例的检验

总体比例的检验程序与总体均值的检验类似，本节只介绍大样本[①]情形下的总体比例检验方法。在构造检验统计量时，仍然利用样本比例 p 与总体比例 π 之间的距离等于多少个标准误 σ_p 来衡量。由于在大样本情形下统计量 p 近似服从正态分布，而样本比例标准化后近似服从标准正态分布，因此检验的统计量为：

$$z = \frac{p - \pi_0}{\sqrt{\dfrac{\pi_0(1 - \pi_0)}{n}}} \tag{5.15}$$

例 5 - 13　一家网络游戏公司声称，其制作的某款网络游戏的玩家中女性超过 80%。为验证这一说法是否属实，该公司管理人员随机抽取了 200 人进行调查，发现有 170 个女性经常玩该款游戏。分别取显著性水平 $\alpha = 0.05$ 和 $\alpha = 0.01$，检验该款网络游戏的玩家中女性的比例是否超过 80%。

解　该公司想证明的是该款游戏玩家中女性比例是否超过 80%，因此提出的原假设和备择假设为：

$H_0: \mu \leqslant 80\%$；$H_1: \mu > 80\%$

根据抽样结果计算得：$p = 170 / 200 = 85\%$。

检验统计量为：

$$z = \frac{0.85 - 0.8}{\sqrt{\dfrac{0.8 \times (1 - 0.8)}{200}}} = 1.767\,767$$

由 Python 函数 $1 - \text{norm.cdf}(1.767\,767, \text{loc}=0, \text{scale}=1)$ 得 $P = 0.038\,549\,93$。显著性水平

[①]　总体比例检验时，确定样本量是否"足够大"的方法与总体比例的区间估计一样，参见第 6 章。

为 0.05 时，由于 $P < 0.05$，拒绝 H_0，样本提供的证据表明该款网络游戏的玩家中女性的比例超过 80%；显著性水平为 0.01 时，由于 $P > 0.01$，不拒绝 H_0，样本提供的证据表明尚不能推翻原假设，没有证据表明该款网络游戏的玩家中女性的比例超过 80%。这个例子表明，对于同一个检验，不同的显著性水平将会得出不同的结论。

总体比例检验的代码和结果如代码框 5-9 所示。

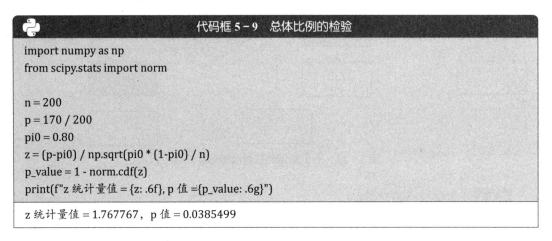

代码框 5-9　总体比例的检验

```
import numpy as np
from scipy.stats import norm

n = 200
p = 170 / 200
pi0 = 0.80
z = (p-pi0) / np.sqrt(pi0 * (1-pi0) / n)
p_value = 1 - norm.cdf(z)
print(f"z 统计量值 ={z: .6f}, p 值 ={p_value: .6g}")
```

z 统计量值 = 1.767767，p 值 = 0.0385499

思维导图

下面的思维导图展示了本章的内容框架。

思考与练习

一、思考题

1. 解释中心极限定理的含义。

2. 什么是统计量的标准误差？它有什么用途？

3. 简要说明区间估计的基本原理。

4. 解释置信水平的含义。

5. 怎样理解置信区间？

6. 解释 95% 的置信区间。

7. $z_{\alpha/2}\dfrac{\sigma}{\sqrt{n}}$ 的含义是什么？

8. 解释原假设和备择假设。

9. 怎样理解显著性水平？

10. 什么是 P 值？用 P 值进行检验和用统计量进行检验有什么不同？

二、练习题

1. 计算以下概率和分位点：

（1）$X \sim N(500, 20^2)$，$P(X \geqslant 510)$；$P(400 \leqslant X \leqslant 450)$。

（2）$Z \sim N(0,1)$，$P(0 \leqslant Z \leqslant 1.2)$；$P(0.48 \leqslant Z \leqslant 0)$；$P(Z \geqslant 1.2)$。

（3）标准正态分布累积概率为 0.95 时的反函数值 z。

2. 计算以下概率和分位点：

（1）$X \sim t(\mathrm{df})$，$\mathrm{df}=15$，t 值小于 -1.5 的概率。

（2）$\mathrm{df}=20$，t 值大于 2 的概率。

（3）$\mathrm{df}=30$，t 分布右尾概率为 0.05 时的 t 值。

3. 某种果汁饮料瓶子的标签上标明：每 100 ml 中维生素 C 的含量 $\geqslant$ 45 mg。

（1）为验证这一标识是否属实，建立适当的原假设和备择假设。

（2）当拒绝原假设时，你会得到什么结论？

（3）当不能拒绝原假设时，你会得到什么结论？

4. 为调查每天上班乘坐地铁所花费的时间，在某城市乘坐地铁的上班族中随机抽取 50 人，得到他们每天上班乘坐地铁所花费的时间数据见下表（单位：分钟）。

53	20	79	43	63
48	66	49	52	88
49	47	97	56	51
69	97	50	48	72
79	68	71	62	31

续表

54	40	46	71	78
73	58	58	46	86
87	53	90	64	64
43	56	77	46	83
62	60	42	53	57

计算乘坐地铁平均花费时间的置信区间：

（1）假定总体标准差为 20 分钟，置信水平为 95%。

（2）假定总体标准差未知，置信水平为 90%。

5. 为监测空气质量，某城市环保部门每隔几周对空气质量进行一次随机测试。已知该城市过去每立方米空气中 PM2.5 的平均值是 82 微克。在最近一段时间的检测中，PM2.5 的数值见下表（单位：微克）。

81.6	86.6	80.0	85.8	78.6	58.3	68.7	73.2
96.6	74.9	83.0	66.6	68.6	70.9	71.7	71.6
77.3	76.1	92.2	72.4	61.7	75.6	85.5	72.5
74.0	82.5	87.0	73.2	88.5	86.9	94.9	83.0

（1）构建 PM2.5 均值的 95% 的置信区间。

（2）根据最近的测量数据，当显著性水平 $\alpha = 0.05$ 时，能否认为该城市空气中 PM2.5 的平均值显著低于过去的平均值。

6. 安装在一种联合收割机上的金属板的平均重量为 25 千克。对某企业生产的 20 块金属板进行测量，得到的重量数据见下表（单位：千克）。

22.6	26.6	23.1	23.5
27.0	25.3	28.6	24.5
26.2	30.4	27.4	24.9
25.8	23.2	26.9	26.1
22.2	28.1	24.2	23.6

（1）假设金属板的重量服从正态分布，构建该金属板平均重量的 95% 的置信区间。

（2）检验该企业生产的金属板是否符合要求。假设总体方差为 5 千克，$\alpha = 0.01$；假设总体方差未知，$\alpha = 0.05$。

7. 某居民小区共有居民 500 户，小区管理者准备采购一项新的供水设施，想了解居民是否赞成。采取重复抽样方法随机抽取了 50 户，其中有 32 户赞成，18 户反对。求总体中赞成采购新设施的户数比例的置信区间，置信水平为 95%。

8. 在对消费者的一项调查表明，17% 的人早餐饮料是牛奶。某城市的牛奶生产商认为，该城市的人早餐饮用牛奶的比例更高。为验证这一说法，生产商随机抽取 550 人形成一个随机样本，其中 115 人早餐饮用牛奶。在 $\alpha = 0.05$ 显著性水平下，检验该生产商的说法是否属实。

第 6 章

相关与回归分析

研究某些实际问题时往往涉及多个变量。如果着重分析关系变量之间的关系，就是相关分析；如果想利用变量间的关系建立模型来解释或预测某个特别关注的变量，则属于回归分析。本章首先介绍相关分析，然后介绍一元线性回归分析。

6.1 变量间关系的分析

相关分析的侧重点在于考察变量之间的关系形态及其关系强度。内容主要包括：（1）变量之间是否存在关系？（2）如果存在，它们之间是什么样的关系？（3）变量之间的关系强度如何？（4）样本所反映的变量之间的关系能否代表总体变量之间的关系？

6.1.1　变量间的关系

身高与体重有关系吗？一个人的收入水平同他的受教育程度有关系吗？商品的销售收入与广告支出有关系吗？如果有，又是什么样的关系？怎样来度量它们之间关系的强度呢？

从统计角度看，变量之间的关系大致可分为两种类型，即函数关系和相关关系。函数关系是人们比较熟悉的。设有两个变量 x 和 y，变量 y 随变量 x 一起变化，并完全依赖于 x，当 x 取某个值时，y 依确定的关系取相应的值，则称 y 是 x 的函数，记为 $y = f(x)$。

在实际问题中，有些变量间的关系并不像函数关系那么简单。例如，家庭储蓄与家庭收入这两个变量之间就不存在完全确定的关系。也就是说，收入水平相同的家庭，它们的储蓄额往往不同，而储蓄额相同的家庭，它们的收入水平也可能不同。这意味着家庭储蓄并不能完全由家庭收入一个因素所确定，还受银行利率、消费水平等其他因素的影响。正是由于影响一个变量的因素有多个，才造成了它们间关系的不确定性。变量之间这种不确定的关系称为**相关关系**（correlation）。

相关关系的特点是：一个变量的取值不能由另一个变量唯一确定，当变量 x 取某个值时，变量 y 的取值可能有多个，或者说，当 x 取某个固定的值时，y 的取值对应着一个分布。

例如，身高（y）与体重（x）的关系。一般情形下，身高较高的人其体重一般也比较高。但实际情况并不完全是这样，因为体重并不完全是由身高一个因素所决定的，还受其他因素的影响，比如，每天摄取的热量，每天运动的时间等，因此二者之间属于相关关系。这意味着身高相同的人的体重的取值有多个，即身高取某个值时，体重对应着一个分布。

再比如，一个人的收入（y）水平同他受教育年限（x）的关系。收入水平相同的人，他们受教育的年限也可能不同，而受教育年限相同的人，他们的收入水平也往往不同。因为收入水平虽然与受教育年限有关系，但它并不是决定收入的唯一因素，还受职业、工作年限等诸多因素的影响，二者之间是相关关系。因此，当受教育年限取某个值时，收入的取值则对应着一个分布。

6.1.2　相关关系的描述

描述相关关系的一个常用工具就是**散点图**（scatter diagram）。对于两个变量 x 和 y，散点图是在二维坐标中画出它们的 n 对数据点 (x_i, y_i)，并通过 n 个点的分布、形状等判断两个变量之间有没有关系、有什么样的关系及大致的关系强度等。如图 6-1 所示为不同形态的散点图。

如图 6-1（a）和图 6-1（b）所示为典型的线性相关关系形态，两个变量的观测点分布在一条直线周围，其中，图 6-1（a）显示一个变量的数值增加，另一个变量的数值也随之增加，称为正线性相关；图 6-1（b）显示一个变量的数值增加，另一个变量的数值则随之减少，称为负线性相关；图 6-1（c）和图 6-1（d）显示两个变量的观测点完全落在直线上，称为完全线性相关（这实际上就是函数关系），图 6-1（c）称为完全正线性相关，图 6-1（d）称为完全负线性相关；图 6-1（e）显示两个变量的各观测点在一条曲线周围分布，称为非线性关系；图 6-1（f）中的观测点很分散，无任何规律，表示变量之间没有相关关系。

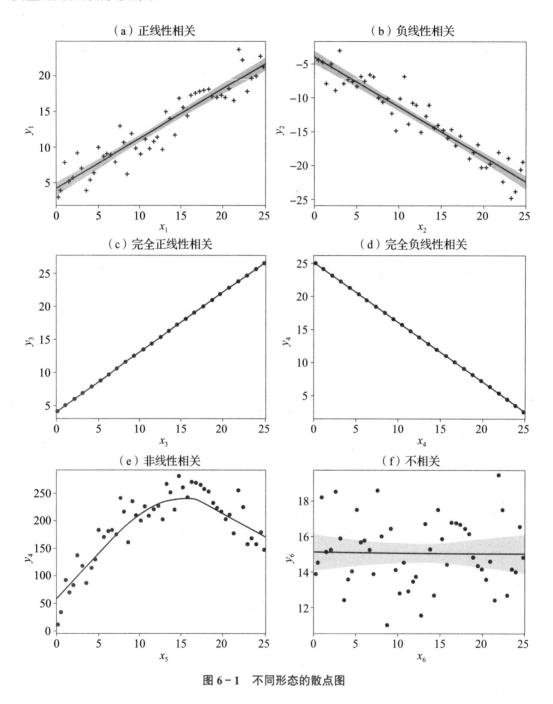

图 6-1　不同形态的散点图

例 6-1（数据：example6_1）为研究销售收入、广告支出和销售网点之间的关系，随机抽取 25 家药品生产企业，得到它们的销售收入和广告支出数据见表 6-1。绘制散点图描述销售收入与广告支出的关系。

表 6-1 25 家药品生产企业的销售收入和广告支出数据 （单位：万元）

企业编号	销售收入	广告支出
1	2 963.95	344.50
2	1 735.25	320.12
3	3 227.95	375.24
4	2 901.80	430.89
5	3 836.80	486.01
6	3 496.35	541.13
7	4 589.75	596.25
8	4 995.65	651.37
9	6 271.65	706.49
10	7 616.95	762.14
11	5 795.35	817.26
12	6 147.90	872.38
13	7 185.75	927.50
14	7 390.35	982.62
15	9 151.45	1 037.74
16	5 330.05	530.00
17	7 517.40	1 148.51
18	9 378.05	1 203.63
19	9 821.90	1 258.75
20	8 419.95	1 313.87
21	12 251.80	1 368.99
22	10 567.70	1 424.64
23	10 813.00	1 479.76
24	11 434.50	1 534.88
25	12 949.20	1 579.40

 绘制散点图的代码和结果如代码框 6-1 所示。

代码框 6-1 绘制销售收入与广告支出的散点图

```
# 图 6-2 的绘制代码
import pandas as pd
import seaborn as sns
import matplotlib.pyplot as plt
plt.rcParams['font.sans-serif'] = ['SimHei']
plt.rcParams['axes.unicode_minus']=False
```

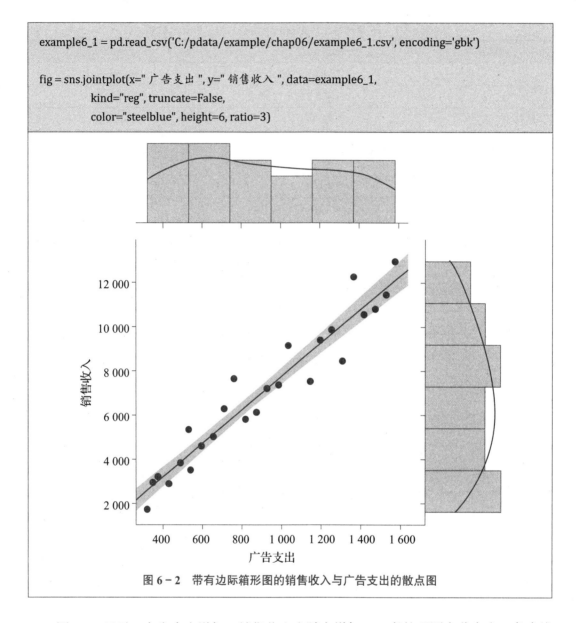

图 6－2　带有边际箱形图的销售收入与广告支出的散点图

　　图 6－2 显示，广告支出增加，销售收入也随之增加，二者的观测点分布在一条直线周围，因而具有正的线性相关关系。两个边际直方图显示销售收入和广告支出基本上为对称分布。

6.1.3　相关关系的度量

　　散点图可以判断两个变量之间有无相关关系，并对关系形态做出大致描述，但要准确度量变量间的关系强度，则需要计算相关系数。

　　相关系数（correlation coefficient）是度量两个变量之间线性关系强度的统计量。样本相关系数记为 r，计算公式为：

$$r = \frac{\sum (x-\overline{x})(y-\overline{y})}{\sqrt{\sum (x-\overline{x})^2 \cdot \sum (y-\overline{y})^2}} \qquad (6.1)$$

按式（6.1）计算的相关系数也称为**皮尔森相关系数**[①]（Pearson's correlation coefficient）。

r 值范围在 -1 和 $+1$ 之间，即 $-1 \leqslant r \leqslant 1$。$r > 0$ 表明 x 与 y 之间存在正线性相关关系；$r < 0$ 表明 x 与 y 之间存在负线性相关关系；$|r|=1$ 表明 x 与 y 之间为完全相关关系（实际上就是函数关系），其中 $r = +1$ 表示 x 与 y 之间为完全正线性相关关系，$r = -1$ 表示 x 与 y 之间为完全负线性相关关系；$r = 0$ 表明 x 与 y 之间不存在线性相关关系。

需要注意的是，r 仅仅是 x 与 y 之间线性关系的一个度量，它不能用于描述非线性关系。这意味着，$r = 0$ 只表示两个变量之间不存在线性相关关系，并不表明变量之间没有任何关系，比如它们之间可能存在非线性相关关系。当变量之间的非线性相关程度较强时，就可能会导致 $r = 0$。因此，当 $r = 0$ 或很小时，不能轻易得出两个变量之间没有关系的结论，而应结合散点图做出合理解释。

根据实际数据计算出的 r，其取值一般在 -1 和 1 之间。$|r| \to 1$ 说明两个变量之间的线性关系越强；$|r| \to 0$ 说明两个变量之间的线性关系越弱。在说明两个变量之间的线性关系的密切程度时，根据经验可将相关程度分为以下几种情况：当 $|r| \geqslant 0.8$ 时，可视为高度相关；当 $0.5 \leqslant |r| < 0.8$ 时，可视为中度相关；当 $0.3 \leqslant |r| < 0.5$ 时，可视为低度相关；当 $|r| < 0.3$ 时，说明两个变量之间的相关程度极弱，可视为不相关。

例 6-2（数据：example6_1）沿用例 6-1。计算销售收入与广告支出的相关系数，并分析其关系强度。

解　计算相关系数的代码和结果如代码框 6-2 所示。

代码框 6-2　计算相关系数

```
import pandas as pd
from scipy.stats import pearsonr
example6_1 = pd.read_csv('C:/pdata/example/chap06/example6_1.csv', encoding='gbk')

cor=example6_1[' 销售收入 '].corr(example6_1[' 广告支出 '])     # 计算相关系数
print(' 相关系数 =', round(cor, 6))

相关系数 = 0.963 706
```

相关系数 $r = 0.963\,706$，表示销售收入与广告支出之间有较强的正线性相关，即随着广告支出的增加，销售收入也增加。

---

① 相关和回归的概念是 1877—1888 年间由弗朗西斯·高尔顿（Francis Galton）提出的，但真正使其理论系统化的是卡尔·皮尔森（Karl Pearson），为纪念他的贡献，将相关系数也称为皮尔森相关系数。

6.2 一元线性回归建模

回归分析（regression analysis）是为重点考察一个特定的变量（因变量），而把其他变量（自变量）看作影响这一变量的因素，并通过适当的数学模型将变量间的关系表达出来，进而通过一个或几个自变量的取值来解释因变量或预测因变量的取值。在回归分析中，只涉及一个自变量时称为一元回归，涉及多个自变量时则称为多元回归。如果因变量与自变量之间是线性关系，则称为**线性回归**（linear regression）；如果因变量与自变量之间是非线性关系则称为**非线性回归**（nonlinear regression）。

回归分析的目的主要有两个，一个是通过自变量来解释因变量，另一个是用自变量的取值来预测因变量的取值。一元线性回归建模的大致思路如下：

第 1 步：确定因变量和自变量，并确定它们之间的关系。

第 2 步：建立因变量与自变量的关系模型。

第 3 步：对模型进行评估和检验。

第 4 步：利用回归方程进行预测。

第 5 步：对回归模型进行诊断。

6.2.1 回归模型与回归方程

进行回归分析时，首先需要确定因变量和自变量，然后确定因变量与自变量之间的关系。如果因变量与自变量之间为线性关系，则可以建立线性回归模型。

1. 回归模型

在回归分析中，被预测或被解释的变量称为**因变量**（dependent variable），也称**响应变量**（response variable），用 y 表示。用来预测或用来解释因变量的一个或多个变量称为**自变量**（independent variable），也称**解释变量**（explaining variable），用 x 表示。例如，在分析广告支出对销售收入的影响时，目的是预测一定广告支出条件下的销售收入是多少，因此，销售收入是被预测的变量，称为因变量，而用来预测销售收入的广告支出就是自变量。

设因变量为 y，自变量为 x。模型中只涉及一个自变量时称为一元回归，若 y 与 x 之间为线性关系，称为一元线性回归。描述因变量 y 如何依赖于自变量 x 和误差项 ε 的方程称为**回归模型**（regression model）。只涉及一个自变量的一元线性回归模型可表示为：

$$y = \beta_0 + \beta_1 x + \varepsilon \qquad (6.2)$$

式中，β_0 和 β_1 为模型的参数。

式（6.2）表示，在一元线性回归模型中，y 是 x 的线性函数（$\beta_0 + \beta_1 x$ 部分）加上误差项 ε。$\beta_0 + \beta_1 x$ 反映了由于 x 的变化而引起的 y 的线性变化；ε 是称为误差项的随机变量，它是除 x 以外的其他随机因素对 y 的影响，是不能由 x 和 y 之间的线性关系所解释的 y 的误差。

2. 回归方程

回归模型中的参数 β_0 和 β_1 是未知的，需要利用样本数据去估计。当用样本统计量 $\hat{\beta}_0$ 和 $\hat{\beta}_1$ 估计参数 β_0 和 β_1 时，就得到了**估计的回归方程**（estimated regression equation），它是根据样本数据求出的回归模型的估计。一元线性回归模型的估计方程为：

$$\hat{y} = \hat{\beta}_0 + \hat{\beta}_1 x \qquad (6.3)$$

式中，$\hat{\beta}_0$ 为估计的回归直线在 y 轴上的截距；$\hat{\beta}_1$ 为直线的斜率，也称为**回归系数**（regression coefficient），它表示 x 每改变一个单位时，y 的平均改变量。

6.2.2 参数的最小平方估计

对于 x 和 y 的 n 对观测值，用于描述其关系的直线有多条，究竟用哪条直线来代表两个变量之间的关系呢？我们自然会想到距离各观测点最近的那条直线，用它来代表 x 与 y 之间的关系与实际数据的误差比其他任何直线都小，也就是用图 6-3 中垂直方向的离差平方和来估计参数 β_0 和 β_1，据此确定参数的方法称为**最小平方法**（method of least squares），也称为最小二乘法，它是使因变量的观测值 y_i 与估计值 $\hat{y}_i$ 之间的离差平均和达到最小来估计 β_0 和 β_1，因此也称为参数的最小平方估计。

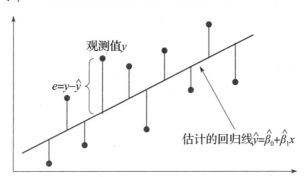

图 6-3　最小平方法示意图

用最小平方法拟合的直线有一些优良的性质。首先，根据最小平方法得到的回归直线能使离差平方和达到最小，虽然这并不能保证它就是拟合数据的最佳直线[①]，但这毕竟是一条与数据拟合良好的直线应有的性质。其次，由最小平方法求得的回归直线可知 β_0 和 β_1 的估计量的抽样分布。再次，在一定条件下，β_0 和 β_1 的最小平方估计量具有 $E(\hat{\beta}_0) = \beta_0$、$E(\hat{\beta}_1) = \beta_1$，而且同其他估计量相比，其抽样分布具有较小的标准差。正是基于上述性质，最小平方法被广泛用于回归模型参数的估计。

根据最小平方法得到的求解回归方程中的系数的公式为：

$$\begin{cases} \hat{\beta}_1 = \dfrac{\sum (x_i - \bar{x})(y_i - \bar{y})}{\sum (x_i - \bar{x})^2} \\ \hat{\beta}_0 = \bar{y} - \hat{\beta}_1 \bar{x} \end{cases} \qquad (6.4)$$

---

① 许多别的拟合直线也具有这种性质。

例 6 - 3 （数据：example6_1）沿用例 6 - 1。求销售收入与广告支出的回归方程。

解 回归分析的代码和结果如代码框 6 - 3 所示。

代码框 6 - 3 一元线性回归分析

```
# 回归模型的拟合
from statsmodels.formula.api import ols
import pandas as pd
example6_1 = pd.read_csv('C:/pdata/example/chap06/example6_1.csv', encoding='gbk')

model = ols(" 销售收入～广告支出 ", data=example6_1).fit()    # 拟合模型
print(model.summary())                                      # 汇总输出结果
```

OLS Regression Results

Dep. Variable:	销售收入	R-squared:	0.929
Model:	OLS	Adj. R-squared:	0.926
Method:	Least Squares	F-statistic:	299.7
Date:	Thu, 25 Nov 2021	Prob (F-statistic):	1.10e-14
Time:	16:09:07	Log-Likelihood:	-203.61
No. Observations:	25	AIC:	411.2
Df Residuals:	23	BIC:	413.7
Df Model:	1		
Covariance Type:	nonrobust		

	coef	std err	t	P>|t|	[0.025	0.975]
Intercept	179.1192	432.285	0.414	0.682	-715.130	1073.369
广告支出	7.5488	0.436	17.312	0.000	6.647	8.451

Omnibus:	0.812	Durbin-Watson:	2.423
Prob(Omnibus):	0.666	Jarque-Bera (JB):	0.562
Skew:	0.354	Prob(JB):	0.755
Kurtosis:	2.808	Cond. No.	2.47e+03

Notes:

[1] Standard Errors assume that the covariance matrix of the errors is correctly specified.

[2] The condition number is large, 2.47e+03. This might indicate that there are strong multicollinearity or other numerical problems.

```
# 计算回归系数的置信区间
model.conf_int(alpha=0.05)           # 默认 95% 的置信区间
```

	0	1
Intercept	−715.130 116	1 073.368 570
广告支出	6.646 760 0	8.450 794 0

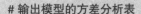

```
# 输出模型的方差分析表
from statsmodels.stats.anova import anova_lm
anova_lm(model, typ=1)              # typ 用于指定方差的类型，可取值为 {1, 2, 3}
```

	df	sum_sq	mean_sq	F	PR(>F)
广告支出	1	2.26E+08	2.26E+08	299.709 916	1.10E-14
Residual	23	1.74E+07	7.55E+05	NaN	NaN

```
# 绘制拟合图
import statsmodels.api as sm
import matplotlib.pyplot as plt
plt.rcParams['font.sans-serif'] = ['SimHei']
plt.rcParams['axes.unicode_minus']=False


fig, ax = plt.subplots(figsize=(9, 6.5))
sm.graphics.plot_fit(model, exog_idx=" 广告支出 ", ax=ax)
plt.plot(example6_1[' 广告支出 '], model.fittedvalues, 'r')
plt.annotate(s=r'$\hat{y}=179.1192+7.5488*$'+' 广告支出 ', xy=(1160, 8100), xytext=(1000, 5000),
    arrowprops = {'headwidth': 10, 'headlength': 5, 'width': 4, 'facecolor': 'r', 'shrink': 0.1},
    fontsize=14, color='red', ha='left')        # 增加带箭头的文本注释
plt.show()
```

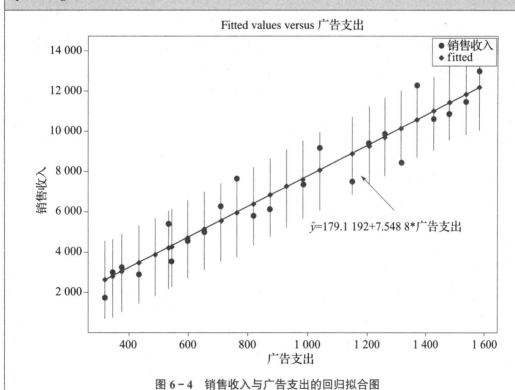

图 6-4 销售收入与广告支出的回归拟合图

由代码框 6-3 的回归结果可知，销售收入与广告支出的估计方程为：

$$\hat{y} = 179.119\,2 + 7.548\,8$$

回归系数 7.548 8 表示广告支出每改变（增加或减少）1 万元，销售收入平均变动（增加或减少）7.548 8 万元。截距 179.119 2 表示广告支出为 0 时，销售收入为 179.119 2 万元。但在回归分析中，对截距 $\hat{\beta}_0$ 通常不做实际意义上的解释，除非 $x = 0$ 有实际意义。

代码框 6-3 输出的其他结果将在后面陆续介绍。

6.3 模型评估和检验

回归直线 $\hat{y}_i = \hat{\beta}_0 + \hat{\beta}_1 x_i$ 在一定程度上描述了变量 x 与 y 之间的关系，根据这一方程，可用自变量 x 的取值来预测因变量 y 的取值，但预测的精度将取决于回归直线对观测数据的拟合程度。此外，因变量与自变量之间线性关系是否显著，也需要经过检验后才能得出结论。

6.3.1 模型评估

如果各观测数据的散点都落在这一直线上，那么这条直线就是对数据的完全拟合，直线充分代表了各个点，此时用 x 来估计 y 是没有误差的。各观察点越是紧密围绕直线，说明直线对观测数据的拟合程度越好，反之则越差。回归直线与各观测点的接近程度称为回归模型的**拟合优度**（goodness of fit）或称拟合程度。评价拟合优度的一个重要统计量就是决定系数。

1. 决定系数

决定系数（coefficient of determination）是对回归方程拟合优度的度量。为说明它的含义，需要考察因变量 y 取值的误差。

因变量 y 的取值是不同的，y 取值的这种波动称为**误差**。误差的产生来自两个方面：一是由自变量 x 的取值不同造成的；二是 x 以外的其他随机因素的影响。对一个具体的观测值来说，误差的大小可以用实际观测值 y 与其均值 $\bar{y}$ 之差 $(y - \bar{y})$ 来表示，如图 6-5 所示。而 n 次观测值的总误差可由这些离差的平方和来表示，称为**总平方和**（total sum of squares），记为 $(y - \hat{y})$，即 $SST = \sum (y_i - \bar{y})^2$。

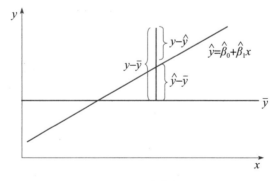

图 6-5 误差分解图

图 6-5 显示，每个观测点的离差都可以分解为：$y - \bar{y} = (y - \hat{y}) + (\hat{y} - \bar{y})$，两边平方并对所有 n 个点求和，有：

$$\sum (y_i - \bar{y})^2 = \sum (y_i - \hat{y}_i)^2 + \sum (\hat{y}_i - \bar{y})^2 + 2\sum (y_i - \hat{y}_i)(\hat{y}_i - \bar{y}) \qquad (6.5)$$

可以证明，$\sum (y_i - \hat{y}_i)(\hat{y}_i - \bar{y}) = 0$，因此有：

$$\sum (y_i - \bar{y})^2 = \sum (y_i - \hat{y}_i)^2 + \sum (\hat{y}_i - \bar{y})^2 \qquad (6.6)$$

式（6.6）的左边称为总平方和 SST，它被分解为两部分：其中 $\sum (\hat{y}_i - \bar{y})^2$ 是回归值 $\hat{y}_i$ 与均值 $\bar{y}$ 的离差平方和，根据回归方程，估计值 $\hat{y}_i = \hat{\beta}_0 + \hat{\beta}_1 x_i$，因此可以把 $(\hat{y}_i - \bar{y})$ 看作由于自变量 x 的变化引起的 y 的变化，而其平方和 $\sum (\hat{y}_i - \bar{y})^2$ 则反映了 y 的总误差中由于 x 与 y 之间的线性关系引起的 y 的变化部分，它是可以由回归直线来解释的 y_i 的误差部分，称为**回归平方和**（regression sum of squares），记为 SSR。另一部分 $\sum (y_i - \hat{y}_i)^2$ 是实际观测点与回归值的离差平方和，它是除了 x 对 y 的线性影响之外的其他随机因素对 y 的影响，是不能由回归直线来解释的 y_i 的误差部分，称为**残差平方和**（residual sum of squares），记为 SSE。三个平方和的关系为：

$$\text{总平方和（} SST \text{）=回归平方和（} SSR \text{）+残差平方和（} SSE \text{）} \qquad (6.7)$$

从图 6-5 可以直观地看出，回归直线拟合的好坏取决于回归平方和 SSR 占总平方和 SST 的比例，即 SSR/SST 的大小。各观测点越是靠近直线，SSR/SST 就越大，直线拟合得越好。回归平方和占总平方和的比例称为决定系数或判定系数，记为 R^2，其计算公式为：

$$R^2 = \frac{SSR}{SST} = \frac{\sum (\hat{y}_i - \bar{y})^2}{\sum (y_i - \bar{y})^2} \qquad (6.8)$$

决定系数 R^2 测度了回归直线对观测数据的拟合程度。若所有观测点都落在直线上，残差平方和 $SSE = 0$，$R^2 = 1$，拟合是完全的；如果 y 的变化与 x 无关，此时 $\hat{y} = \bar{y}$，则 $R^2 = 0$。可见 R^2 的取值范围是 $[0, 1]$。R^2 越接近于 1，回归直线的拟合程度就越好；R^2 越接近于 0，回归直线的拟合程度就越差。

在一元线性回归中，相关系数 r 确定系数的平方根。这一结论可以帮助我们进一步理解相关系数的含义。实际上，相关系数 r 也从另一个角度说明了回归直线的拟合优度。$|r|$ 越接近 1，表明回归直线对观测数据的拟合程度越高。但用 r 说明回归直线的拟合优度需要慎重，因为 r 的值总是大于 R^2 的值（除非 $r = 0$ 或 $|r| = 1$）。比如，当 $r = 0.5$ 时，表面上看似乎有一半的相关了，但 $R^2 = 0.25$，这表明自变量 x 只能解释因变量 y 的总误差的 25%。$r = 0.7$ 才能解释近一半的误差，$r < 0.3$ 意味只有很少一部分误差可由回归直线来解释。

例如，表 6-2 给出的决定系数 $R^2 = 92.9\%$，其实际意义是：在销售收入取值的总误差中，有 92.9% 由销售收入与广告支出之间的线性关系来解释，可见回归方程的拟合程度较高。

2. 估计标准误

估计标准误（standard error of estimate）残差的标准差，也称估计标准误差，用 s_e 来表示，一元线性回归的标准误的计算公式为：

$$s_e = \sqrt{\frac{\sum(y_i - \hat{y}_i)^2}{n-2}} = \sqrt{\frac{SSE}{n-2}} \qquad (6.9)$$

s_e 是度量各观测点在直线周围分散程度的一个统计量，它反映了实际观测值 y_i 与回归估计值 $\hat{y}_i$ 之间的差异程度。s_e 也是对误差项 ε 的标准差 σ 的估计，它可以看作在排除了 x 对 y 的线性影响后，y 随机波动大小的一个估计量。从实际意义看，s_e 反映了用回归方程预测因变量 y 时预测误差的大小。各观测点越靠近直线，回归直线对各观测点的代表性就越好，s_e 就会越小，根据回归方程进行预测也就越准确；若各观测点全部落在直线上，则 $s_e = 0$，此时用自变量来预测因变量是没有误差的。可见 s_e 也从另一个角度说明了回归直线的拟合优度。

例如，根据代码框 6-3 的方差分析表，计算得到的残差标准误 $s_e = 868.9$，它表示用广告支出来预测销售收入时平均的预测误差为 868.9 万元。

6.3.2 显著性检验

在建立回归模型之前，已经假定 x 与 y 是线性关系，但这种假定是否成立，需要检验后才能证实。回归分析中的显著性检验主要包括线性关系检验和回归系数检验两个方面的内容。

1. 线性关系检验

线性关系检验简称 F 检验，它是检验因变量 y 和自变量 x 之间的线性关系是否显著，或者说，它们之间能否用一个线性模型 $y = \beta_0 + \beta_1 x + \varepsilon$ 来表示。检验统计量的构造是以回归平方和（SSR）以及残差平方和（SSE）为基础的。将 SSR 除以其相应自由度（SSR 的自由度是自变量的个数 k，一元线性回归中自由度为 1）的结果称为回归**均方**（mean square），记为 MSR；将 SSE 除以其相应自由度（SSE 的自由度为 $n-k-1$，一元线性回归中自由度为 $n-2$）的结果称为残差均方，记为 MSE。如果原假设（$H_0: \beta_1 = 0$，两个变量之间的线性关系不显著）成立，则比值 MSR/MSE 服从分子自由度为 k、分母自由度为 $n-k-1$ 的 F 分布，即：

$$F = \frac{SSR/1}{SSE/n-2} = \frac{MSR}{MSE} \sim F(1, n-2) \qquad (6.10)$$

当原假设 $H_0: \beta_1 = 0$ 成立时，MSR/MSE 的值应接近 1，但如果原假设不成立，MSR/MSE 的值将变得无穷大。因此，较大的 MSR/MSE 值将导致拒绝 H_0，此时就可以断定 x 与 y 之间存在着显著的线性关系。线性关系检验的具体步骤如下：

第 1 步：提出假设。

$H_0: \beta_1 = 0$（两个变量之间的线性关系不显著）

$H_1 : \beta_1 \neq 0$（两个变量之间的线性关系显著）

第 2 步：计算检验统计量 F。

第 3 步：做出决策。确定显著性水平 α，并根据分子自由度 $df_1 = 1$ 和分母自由度 $df_2 = n - 2$ 求出统计量的 P 值，若 $P < \alpha$，则拒绝 H_0，表明两个变量之间的线性关系显著。

例如，代码框 9 - 3 给出的检验统计量（F-statistic）$F = 299.7$，$P = 1.10e - 14$，接近于 0，拒绝 H_0，表示销售收入与广告支出之间的线性关系显著。

2. 回归系数检验

回归系数检验简称 t 检验，它用于检验自变量对因变量的影响是否显著。在一元线性回归中，由于只有一个自变量，因此回归系数检验与线性关系检验是等价的（在多元线性回归中这两种检验不再等价）。回归系数检验的步骤为：

第 1 步：提出假设。

$H_0 : \beta_1 = 0$（自变量对因变量的影响不显著）

$H_1 : \beta_1 \neq 0$（自变量对因变量的影响显著）

第 2 步：计算检验统计量。检验的统计量的构造是以回归系数 β_1 的抽样分布为基础的[①]。统计证明，$\hat{\beta}_1$ 服从正态分布，期望值为 $E(\hat{\beta}_1) = \beta_1$，标准差的估计量为：

$$s_{\hat{\beta}_1} = \frac{s_e}{\sqrt{\sum x_i^2 - \frac{1}{n}\left(\sum x_i\right)^2}} \tag{6.11}$$

将回归系数标准化，就可以得到用于检验回归系数 $\hat{\beta}_1$ 的统计量 t。在原假设成立的条件下，$\hat{\beta}_1 - \beta_1 = \hat{\beta}_1$，因此检验统计量为：

$$t = \frac{\hat{\beta}_1}{s_{\hat{\beta}_1}} \sim t(n-2) \tag{6.12}$$

第 3 步：做出决策。确定显著性水平 α，并根据自由度 $df = n - 2$ 计算出统计量的 P 值，若 $P < \alpha$，则拒绝 H_0，表明 x 对 y 的影响是显著的。

代码框 6 - 3 给出的检验统计量 $t = 17.312$，显著性水平 $P = 0.000$（实际值为 $1.10e - 14$，与 F 检验的 P 值相同），接近于 0，拒绝 H_0，表示广告支出是影响销售收入的一个显著因素。

除对回归系数进行检验外，还可以对其进行估计。回归系数 β_1 在 $1 - \alpha$ 置信水平下的置信区间为：

$$\hat{\beta}_1 \pm t_{\alpha/2}(n-2)\frac{s_e}{\sqrt{\sum_{i=1}^{n}(x_i - \bar{x})^2}} \tag{6.13}$$

回归模型中的常数 β_0 在 $1 - \alpha$ 置信水平下的置信区间为：

---

① 回归方程 $\hat{y}_i = \hat{\beta}_0 + \hat{\beta}_1 x_i$ 是根据样本数据计算的。当抽取不同的样本时，就会得出不同的估计方程。实际上，$\hat{\beta}_0$ 和 $\hat{\beta}_1$ 是根据最小二乘法得到的用于估计参数 β_0 和 β_1 的统计量，它们都是随机变量，也都有自己的分布。

$$\hat{\beta}_0 \pm t_{\alpha/2}(n-2)s_e \sqrt{\frac{1}{n} + \frac{\overline{x}}{\sum_{i=1}^{n}(x_i - \overline{x})^2}} \qquad (6.14)$$

代码框 6 – 3 中的回归结果给出的 β_1 的 95% 的置信区间为（6.646760，8.450794）， β_0 的 95% 的置信区间为（–715.130116，1073.368570）。其中 β_1 的置信区间表示：广告费用每变动 1 万元，销售收入的平均变动量在 6.646 76 万元到 8.450 794 万元。

6.4 回归预测和残差分析

6.4.1 回归预测

回归分析的目的之一是根据所建立的回归方程，用给定的自变量来预测因变量。如果对于 x 的一个给定值 x_0，求出 y 的一个预测值 $\hat{y}_0$，就是点估计。在点估计的基础上，可以求出 y 的一个估计区间[1]。

例 6 – 4（数据：example6_1.csv）沿用例 6 – 1。求 25 家企业销售收入的点估计值，并求出广告支出为 1 000 万元时的销售收入预测。

解 根据例 6 – 3 得到的估计方程为 $\hat{y} = 179.119\,2 + 7.548\,8x$，将各企业广告支出的数据代入，即可得到各企业销售收入的点预测值。代码和结果如代码框 6 – 4 所示。

代码框 6 – 4 计算销售收入的点预测值

```
# 计算点预测值、置信区间和预测区间
import pandas as pd
from statsmodels.formula.api import ols
from statsmodels.stats.outliers_influence import summary_table

example6_1 = pd.read_csv('C:/pdata/example/chap06/example6_1.csv', encoding='gbk')
model = ols(" 销售收入～广告支出 ", data=example6_1).fit()

conf_level = 0.95
st, _, _ = summary_table(model, alpha=1-conf_level)
columns = [x +' ' + y for (x, y) in zip(st.data[0], st.data[1])]
df_res = pd.DataFrame()                 # 将 SimpleTable 转为 DataFrame
for i in range(len(st.data) - 2):
    df_res= df_res.append(pd.DataFrame(st.data[i+2], index=columns).T)
df_res.reset_index(drop=True, inplace=True)

round(df_res, 2)
df_res.drop(columns=['Std Error Mean Predict', 'Student Residual', 'Std Error Residual'], inplace=True)
round(df_res, 2)
```

---

[1] 这部分内容超出了本书的范围，有兴趣的读者可参阅回归方面的书籍。

Obs	Dep VarPopulation	Predicted Value	Residual
1	2 963.95	2 779.67	184.28
2	1 735.25	2 595.63	−860.38
3	3 227.95	3 011.72	216.23
4	2 901.8	3 431.81	−530.01
5	3 836.8	3 847.9	−11.1
6	3 496.35	4 263.99	−767.64
7	4 589.75	4 680.08	−90.33
8	4 995.65	5 096.17	−100.52
9	6 271.65	5 512.25	759.4
10	7 616.95	5 932.34	1 684.61
11	5 795.35	6 348.43	−553.08
12	6 147.9	6 764.52	−616.62
13	7 185.75	7 180.61	5.14
14	7 390.35	7 596.7	−206.35
15	9 151.45	8 012.79	1 138.66
16	5 330.05	4 179.97	1 150.08
17	7 517.4	8 848.96	−1 331.56
18	9 378.05	9 265.05	113
19	9 821.9	9 681.14	140.76
20	8 419.95	10 097.23	−1 677.28
21	12 251.8	10 513.32	1 738.48
22	10 567.7	10 933.41	−365.71
23	10 813	11 349.5	−536.5
24	11 434.5	11 765.59	−331.09
25	12 949.2	12 101.66	847.54

注：表中删除了本章未涉及的内容。

```
# 计算 x_0=1000 时销售收入的点预测值
model.predict(exog=dict( 广告支出 =1000))
```

```
0    7727.896036
dtype: float64
```

6.4.2 残差分析

根据所建立的估计方程预测因变量时，预测效果的好坏还要看预测误差的大小。因此需要进行残差分析。

残差（residual）是因变量的观测值 y_i 与根据回归方程求出的预测值 $\hat{y}_i$ 之差，用 e 表示，它反映了用回归方程预测 y_i 而引起的误差。第 i 个观测值的残差可以写为：

$$e_i = y_i - \hat{y}_i \tag{6.15}$$

代码框 6-4 中给出了预测的残差。残差分析主要是通过残差图来完成。残差图是用横轴表示回归预测值 $\hat{y}_i$ 或自变量 x_i 的值，纵轴表示对应的残差 e_i，每个 x_i 的值与对应的残差 e_i 用图中的一个点来表示。为解读残差图，首先考察一下残差图的形态及其所反映的信息。如图 6-6 所示为几种不同形态的残差图。

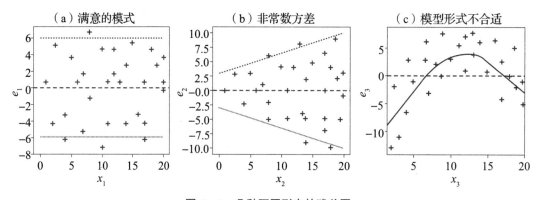

图 6-6　几种不同形态的残差图

如果模型是正确的，那么残差图中的所有点都应以均值 0 为中心随机分布在一条水平带中间，如图 6-6（a）所示。如果对所有的 x 值，ε 的方差是不同的，比如，对于较大的 x 值相应的残差也较大或对于较大的 x 值相应的残差较小，如图 6-6（b）所示，这就意味着违背了回归模型关于方差相等的假定①。如果残差图如图 6-6（c）所示，表明所选择的回归模型不合理，这时应考虑非线性回归模型。

例 6-5　（数据：example6_1）沿用例 6-1。绘制 25 家企业销售收入预测的残差图，判断所建立的回归模型是否合理。

解　根据上面建立的回归模型 model，使用 plot 函数可以输出模型的多幅诊断图，这里只输出残差图，代码和结果如代码框 6-5 所示。

代码框 6-5　绘制模型的残差图

```
# 图 6-7 的绘制代码
import pandas as pd
from statsmodels.formula.api import ols
```

───────────────

① 关于回归模型的假定请参阅回归方面的书籍。

```
import matplotlib.pyplot as plt
plt.rcParams['font.sans-serif'] = ['SimHei']
plt.rcParams['axes.unicode_minus']=False

example6_1 = pd.read_csv('C:/pdata/example/chap06/example6_1.csv', encoding='gbk')
model = ols(" 销售收入～广告支出 ", data=example6_1).fit()

plt.figure(figsize=(8, 6))
plt.scatter(model.fittedvalues, model.resid)
plt.xlabel(' 拟合值 ')
plt.ylabel(' 残差 ')
plt.axhline(0, ls='--')

plt.show()
```

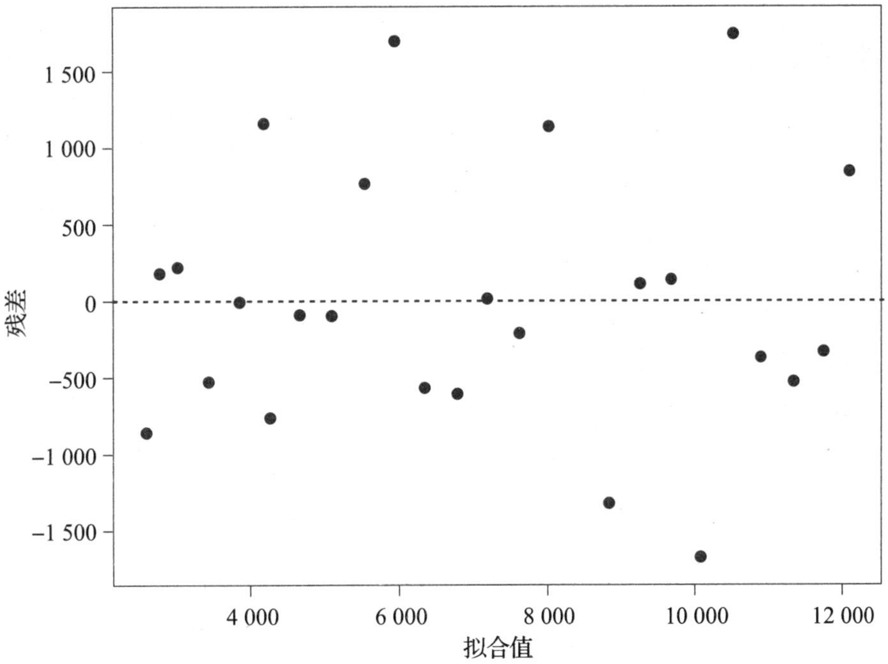

图 6-7 销售收入回归预测的残差图

图 6-7 显示，各残差基本上位于一条水平带中间，而且没有任何固定的模式，呈随机分布。这表明所建立的销售收入与广告支出的一元线性回归模型是合理的。

思维导图

下面的思维导图展示了本章的内容框架。

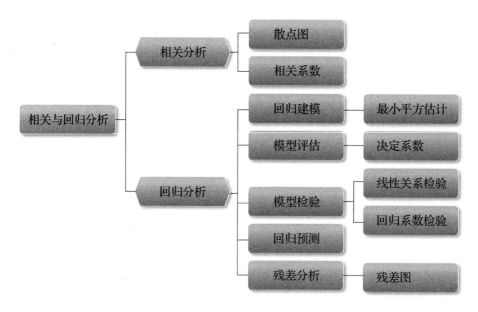

思考与练习

一、思考题

1. 解释相关关系的含义，说明相关关系的特点。

2. 相关分析主要解决哪些问题?

3. 解释回归模型、回归方程的含义。

4. 简述参数最小二乘估计的基本原理。

5. 解释总平方和、回归平方和、残差平方和的含义，并说明它们之间的关系。

6. 简述判定系数的含义和作用。

7. 简述线性关系检验和回归系数检验的具体步骤。

二、练习题

1. 20 名学生的身高和体重数据见下表。

身高（cm）	体重（kg）	身高（cm）	体重（kg）
161.3	53.7	168.4	62.2
162.2	55.3	170.1	62.4
164.9	57.5	170.1	62.8
165.3	57.5	171.2	63
165.5	58.3	171.3	63.3
166.5	58.6	172.1	64.4
166.6	58.8	172.6	64.7
168	58.8	174.4	64.9
168.1	59.2	175.3	66.1
168.3	61.4	175.5	67.5

（1）绘制身高与体重的散点图，判断二者之间的关系形态。

（2）计算身高与体重之间的线性相关系数，分析说明二者之间的关系强度。

2.随机抽取 10 家航空公司，对其最近一年的航班正点率和顾客投诉次数进行调查，所得数据见下表。

航空公司编号	航班正点率（%）	投诉次数（次）
1	81.8	21
2	76.6	58
3	76.6	85
4	75.7	68
5	73.8	74
6	72.2	93
7	71.2	72
8	70.8	122
9	91.4	18
10	68.5	125

（1）用航班正点率作自变量，顾客投诉次数作因变量，求出回归方程，并解释回归系数的意义。

（2）检验回归系数的显著性（$\alpha = 0.05$）。

（3）如果航班正点率为 80%，估计顾客的投诉次数。

3.随机抽取 15 家快递公司，得到它们的日配送量与配送人员的数据见下表。

配送人员（人）	日配送量（件）	配送人员（人）	日配送量（件）
66	640	171	1 310
85	680	184	1 460
92	940	197	1 530
105	950	211	1 590
118	960	224	1 780
132	1 000	237	1 800
145	1 060	260	1 850
158	1 300		

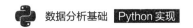

（1）以配送量为因变量，配送人员为自变量建立回归模型。

（2）对模型进行评估和检验（ $\alpha = 0.05$ ）。

（3）预测配送人员为200人时，配送量的置信区间与预测区间。

（4）计算残差并绘制残差图，分析模型是否合理。

第7章

时间序列分析

学习目标

➤ 掌握各种增长率的计算方法和应用场合。

➤ 了解时间序列的成分。

➤ 掌握指数平滑法预测和趋势预测的方法和应用。

➤ 理解时间序列平滑的用途。

➤ 使用 Python 进行预测。

课程思政目标

➤ 时间序列是社会经济数据的常见形式，应重点结合我国的宏观经济形势和社会数据、企业经营管理数据学习时间序列方向和预测方法的具体应用。

➤ 进行时间序列分析应选择反映中国特色社会主义建设成就的数据，分析我国社会经济发展的成就，分析未来的发展方向和趋势。

时间序列（times series）是按时间顺序记录的一组数据，观察的时间可以是年份、季度、月份或其他任何时间形式。为便于表述，本章用 t 表示所观察的时间，$Y_t(t=1,2,\cdots,n)$ 表示在时间 t 上的观测值。对于时间序列数据，人们通常关心其未来的变化，也就是要对未来做出预测。比如，企业明年的销售额会达到多少？下个月的住房销售价格会下降吗？这只股票明天会上涨吗？要对未来的结果做出预测，就需要知道它们在过去的一段时间里是如何变化的，这就需要考察时间序列的变化形态，进而建立适当的模型进行预测。本章首先介绍增长率的计算与分析方法，然后介绍时间序列的一些简单预测方法。

7.1 增长率分析

目前，一些经济报道中常使用"增长率"一词。增长率是对现象在不同时间的变化状况所做的描述。由于对比的基期不同，增长率有不同的计算方法。本节主要介绍增长率、平均增长率和年化增长率的计算方法。

7.1.1 增长率与平均增长率

增长率（growth rate）是时间序列中的报告期观测值与基期观测值之比，也称增长速度，用百分比（%）表示。

由于对比的基期不同，增长率可以分为环比增长率和定基增长率。环比增长率是报告期观测值与前一时期观测值之比减 1，说明观测值逐期增长变化的程度；定基增长率是报告期观测值与某一固定时期观测值之比减 1，说明观测值在整个观察期内总的增长变化程度。设增长率为 G，则环比增长率和定基增长率可表示为：

环比增长率：

$$G_i = \frac{Y_i - Y_{i-1}}{Y_{i-1}} \times 100\% = \left(\frac{Y_i}{Y_{i-1}} - 1\right) \times 100 \quad (i = 1, 2, \cdots, n) \tag{7.1}$$

定基增长率：

$$G_i = \frac{Y_i - Y_0}{Y_0} \times 100\% = \left(\frac{Y_i}{Y_0} - 1\right) \times 100 \quad (i = 1, 2, \cdots, n) \tag{7.2}$$

式中：Y_0 表示用于对比的固定基期的观测值。

平均增长率（average rate of increase）是时间序列中各逐期环比值（也称环比发展速度）的几何平均数（n 个观测值连乘的 n 次方根）减 1 后的结果，也称平均发展速度。

平均增长率用于描述观测值在整个观察期内平均增长变化的程度，计算公式为：

$$\bar{G} = \left(\sqrt[n]{\frac{Y_1}{Y_0} \times \frac{Y_2}{Y_1} \times \cdots \times \frac{Y_n}{Y_{n-1}}} - 1\right) \times 100 = \left(\sqrt[n]{\frac{Y_n}{Y_0}} - 1\right) \times 100 \tag{7.3}$$

式中：$\bar{G}$ 表示平均增长率，n 为环比值的个数。

例 7-1（数据：example7_1）表 7-1 是 2011—2020 年我国的居民消费水平数据，计算：（1）2011—2020 年的环比增长率；（2）以 2011 年为固定基期的定基增长率；（3）2011—2020 年的年平均增长率，并根据年平均增长率预测 2021 年和 2022 年的 GDP。

表 7-1　2011—2020 年我国的居民消费水平数据　　　　　　（单位：元）

年份	居民消费水平
2011	12 668
2012	14 074
2013	15 586
2014	17 220
2015	18 857
2016	20 801
2017	22 969

续表

年份	居民消费水平
2018	25 245
2019	27 504
2020	27 438

解 计算增长率的代码和结果如代码框 7－1 所示。

代码框 7－1 计算增长率

```
# 计算环比增长率和定基增长率
import pandas as pd
df = pd.read_csv('C:/pdata/example/chap07/example7_1.csv', encoding='gbk')

df['环比增长率（%）']=(df['居民消费水平']/df['居民消费水平'].shift(1)-1)*100
# shift(1) 向下移动 1 期
df['定基增长率（%）']=(df['居民消费水平']/df['居民消费水平'][:1].values-1)*100
round(df, 2)
```

年份	居民消费水平	环比增长（%）	定基增长（%）
2011	12 668	NaN	0
2012	14 074	11.10	11.10
2013	15 586	10.74	23.03
2014	17 220	10.48	35.93
2015	18 857	9.51	48.86
2016	20 801	10.31	64.20
2017	22 969	10.42	81.32
2018	25 245	9.91	99.28
2019	27 504	8.95	117.11
2020	27 438	−0.24	116.59

```
# 计算年均增长率
df = pd.read_csv('C:/pdata/example/chap07/example7_1.csv', encoding='gbk')
g_bar=(pow(df.loc[9]/df.loc[0], 1/9)-1)*100
round(g_bar, 2)
```

年均增长率：8.97

由代码框 7－1 的计算结果可知，2011—2020 年居民消费水平的年平均增长率为 8.97%，或者说，居民消费水平平均每年按 8.97% 的增长率增长。

根据年平均增长率预测 2021 年和 2022 年的居民消费水平分别为：

$\hat{Y}_{2021}$=2020年居民消费水平×$(1+\bar{G})$=27 438×(1+8.97%)=29 898.28（元）。

$\hat{Y}_{2022}$=2020年居民消费水平×$(1+\bar{G})^2$=27 438×$(1+8.97\%)^2$=32 579.18（元）。

7.1.2 年化增长率

增长率可根据年度数据计算，例如本年与上年相比计算的增长率，称为年增长率；也可以根据月份数据或季度数据计算，例如本月与上月相比或本季度与上季度相比计算的增长率，称为月增长率或季增长率。但是，当所观察的时间跨度多于一年或少于一年时，用年化增长率进行比较就显得很有用了。也就是将月或季增长率换算成年增长率，从而使各增长率具有相同的比较基础。当增长率以年来表示时称为**年化增长率**（annualized growth rate）。

年化增长率的计算公式为：

$$G_A = \left(\left(\frac{Y_i}{Y_{i-1}} \right)^{m/n} - 1 \right) \times 100 \tag{7.4}$$

式中：G_A 为年化增长率；m 为一年中的时期个数；n 为所跨的时期总数。

如果是月增长率被年度化，则 $m=12$（一年有 12 个月）；如果是季度增长率被年度化，则 $m=4$，其余类推。显然，当 $m=n$ 时，即为年增长率。

例 7-2 已知某企业的如下数据，计算年化增长率：

（1）2020 年 1 月份的净利润为 25 亿元，2021 年 1 月份的净利润为 30 亿元。

（2）2020 年 3 月份的销售收入为 240 亿元，2022 年 6 月份的销售收入为 300 亿元。

（3）2022 年 1 季度出口额为 5 亿元，2 季度出口额为 5.1 亿元。

（4）2019 年 4 季度的工业增加值为 28 亿元，2022 年 4 季度的工业增加值为 35 亿元。

解 （1）由于是月份数据，因此 $m=12$，从 2020 年 1 月到 2021 年 1 月所跨的月份总数为 12，所以 $n=12$。根据式（7.4）得：

$$G_A = \left(\left(\frac{30}{25} \right)^{12/12} - 1 \right) \times 100 = 20\%$$

即年化增长率为 20%，这实际上就是年增长率，因为所跨的时期总数为一年。也就是该企业净利润的年增长率为 20%。

（2）$m=12$，$n=27$，年化增长率为：

$$G_A = \left(\left(\frac{300}{240} \right)^{12/27} - 1 \right) \times 100 = 10.43\%$$

结果表明，该地区企业销售收入增长率按年计算为 10.43%。

（3）由于是季度数据，因此 $m=4$，从 1 季度到 2 季度所跨的时期总数为 1，所以 $n=1$。年化增长率为：

$$G_A = \left(\left(\frac{5.1}{5.0} \right)^{4/1} - 1 \right) \times 100 = 8.24\%$$

结果表明，第 2 季度的出口额增长率按年计算为 8.24%。

（4）$m=4$，从 2019 年 4 季度到 2022 年 4 季度所跨的季度总数为 12，所以 $n=12$。年化增长率为：

$$G_A = \left(\left(\frac{35}{28}\right)^{4/12} - 1\right) \times 100 = 7.72\%$$

表明工业增加值的增长率按年计算为 7.72%，这实际上就是工业增加值的年平均增长率。

计算年化增长率的代码和结果如代码框 7-2 所示。

代码框 7-2 计算年化增长率

```
g1=(pow((30/25), (12/12))-1)*100          # 净利润年化增长率
g2=(pow((300/240), (12/27))-1)*100         # 销售收入年化增长率
g3=(pow((5.1/5.0), (4/1))-1)*100           # 出口额年化增长率
g4=(pow((35/28), (4/12))-1)*100            # 工业增加值年化增长率
print('g1 =', round(g1, 2), '\n''g2 =', round(g2, 2), '\n''g3 =', round(g3, 2), '\n''g4 =', round(g4, 2))


g1 = 20.0
g2 = 10.43
g3 = 8.24
g4 = 7.72
```

本节介绍了几种增长率的计算方法。对于社会经济现象的时间序列或企业经营管理方面的时间序列，经常利用增长率来描述其增长状况。但实际应用中，有时也会出现误用乃至滥用的情况。因此，在用增长率分析实际问题时，应注意以下几点：

首先，当时间序列中的观测值出现 0 或负数时，不宜计算增长率。例如，假定某企业连续 5 年的利润额（单位：万元）分别为 5 000、2 000、0、-3 000、2 000 万元，对这一序列计算增长率，要么不符合数学公理，要么无法解释其实际意义。在这种情况下，适宜直接用绝对数进行分析。

其次，在有些情况下，不能单纯就增长率论增长率，要注意增长率与绝对水平的结合分析。由于对比的基数不同，大的增长率背后，其隐含的绝对值可能很小；小的增长率背后，其隐含的绝对值可能很大。在这种情况下，不能简单地用增长率进行比较分析，而应将增长率与绝对水平结合起来进行分析。

7.2 时间序列的成分和预测方法

时间序列预测的关键是找出其过去的变化模式，也就是确定一个时间序列所包含的

成分，在此基础上选择适当的方法进行预测。

7.2.1 时间序列的成分

时间序列的变化可能受一种或几种因素的影响，导致它在不同时间上取值的差异，这些影响因素就是时间序列的组成要素（components）。一个时间序列通常由 4 种要素组成：趋势、季节变动、循环波动和不规则波动。

趋势（trend）是时间序列在一段较长时期内呈现出来的持续向上或持续向下的变动。比如，你可以想象一个地区的 GDP 是年年增长的，一个企业的生产成本是逐年下降的，这些都是趋势。趋势在一定观察期内可能呈现线性变化，但随着时间的推移也可能呈现非线性变化。

季节变动（seasonal fluctuation）是时间序列呈现的以年为周期长度的固定变动模式，这种模式年复一年重复出现。它是受诸如气候条件、生产条件、节假日或人们的风俗习惯等各种因素影响的结果。农业生产、交通运输、旅游、商品销售等都有明显的季节变动特征。比如，一个商场在节假日的打折促销会使销售额增加，铁路和航空客运在节假日会迎来客流高峰，一个水力发电企业会因水流高峰的到来而使发电量猛增，这些都是由季节变化引起的。

循环波动（cyclical fluctuation）是时间序列呈现出的非固定长度的周期性变动，也称周期波动。比如，人们经常听到的景气周期、加息周期这类术语就是所谓的循环波动。循环波动的周期可能会持续一段时间，但与趋势不同，它不是朝着单一方向的持续变动，而是涨落相间的交替波动，比如经济从低谷到高峰，又从高峰慢慢滑入低谷，而后又慢慢回升；它也不同于季节变动，季节变动有比较固定的规律，且变动周期大多为一年，而循环波动则无固定规律，变动周期多在一年以上，且周期长短不一。

不规则波动（irregular variations）是时间序列中的随机波动，它是除去趋势、季节变动和周期波动之后的部分。不规则波动通常总是夹杂在时间序列中，致使时间序列产生一种波浪形或振荡式变动。

时间序列的 4 个组成部分，即趋势（T）、季节变动（S）、循环波动（C）和不规则波动（e）与观测值的关系可以用**加法模型**（additive model）表示，也可以用**乘法模型**（multiplicative model）表示。当序列的长度有限时，可以不考虑周期成分。因此，采用加法模型时，t 期的观测值可表示为：

$$Y_t = T_t + S_t + e_t \tag{7.5}$$

观察时间序列的成分可以从图形分析入手。如图 7-1 所示为含有不同成分的时间序列。

一个时间序列可能由一种成分组成，也可能同时含有几种成分。观察时间序列的图形就可以大致判断时间序列所包含的成分，为选择适当的预测方法奠定基础。

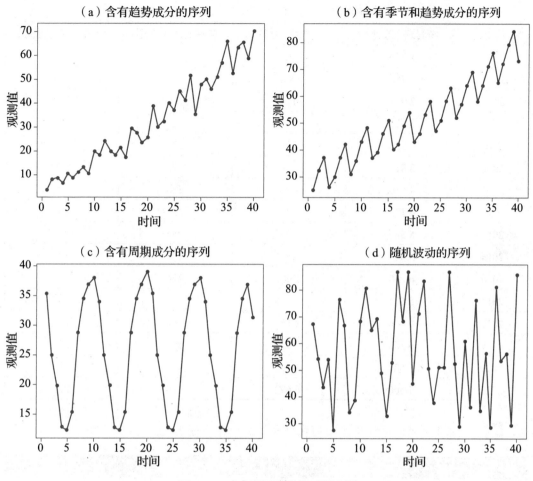

图 7 - 1　含有不同成分的时间序列

7.2.2　预测方法的选择与评估

一个具体的时间序列，可能只含有一种成分，也可能同时含有几种成分。含有不同成分的时间序列所用的预测方法是不同的。时间序列预测时通常包括以下几个步骤：

第 1 步，确定时间序列所包含的成分。

第 2 步，找出适合该时间序列的预测方法。

第 3 步，对可能的预测方法进行评估，以确定最佳预测方案。

第 4 步，利用最佳预测方案进行预测，并分析其预测的残差，以检查模型是否合适。

下面通过几个时间序列来观察其所包含的成分。

例 7 - 3 （数据：example7_3）表 7 - 2 是某智能产品制造公司 2006—2021 年的净利润、产量、管理成本和销售价格的时间序列。绘制图形观察其所包含的成分。

表 7-2　某智能产品制造公司 2006—2021 年的经营数据

年份	净利润（万元）	产量（台）	管理成本（万元）	销售价格（万元）
2006	1 200	25	27	189
2007	1 750	84	60	233
2008	2 938	124	73	213
2009	3 125	214	121	230
2010	3 250	216	126	223
2011	3 813	354	172	240
2012	4 616	420	218	208
2013	4 125	514	227	209
2014	5 386	626	254	208
2015	5 313	785	223	198
2016	6 250	1 006	226	223
2017	5 623	1 526	232	195
2018	6 000	2 156	200	202
2019	6 563	2 927	181	227
2020	6 682	4 195	153	254
2021	7 500	6 692	119	222

解　绘制 4 个时间序列折线图的代码和结果如代码框 7-3 所示。

代码框 7-3　绘制 4 个时间序列的折线图

```python
# 图 7-2 的绘制代码
import pandas as pd
import matplotlib.pyplot as plt
plt.rcParams['font.sans-serif'] = ['SimHei']

df = pd.read_csv('C:/pdata/example/chap07/example7_3.csv', encoding='gbk')
index= pd.date_range(start='2006', end='2021', freq='A')      # 返回固定频率的日期时间索引
df[' 年份 '] = pd.to_datetime(df[' 年份 '], format='%Y')      # 将年份设置为日期

plt.subplots(2, 2, figsize=(10, 8))
plots_loc = [221, 222, 223, 224]
for i in range(4):
  plt.subplot(plots_loc[i])
    df.iloc[:, i+1].plot(xlabel=' 年　份 ', grid=False, ylabel=df.columns[i+1], title=df.columns[i+1],
marker='o', fontsize=12)

plt.tight_layout()                                           # 紧凑布局
```

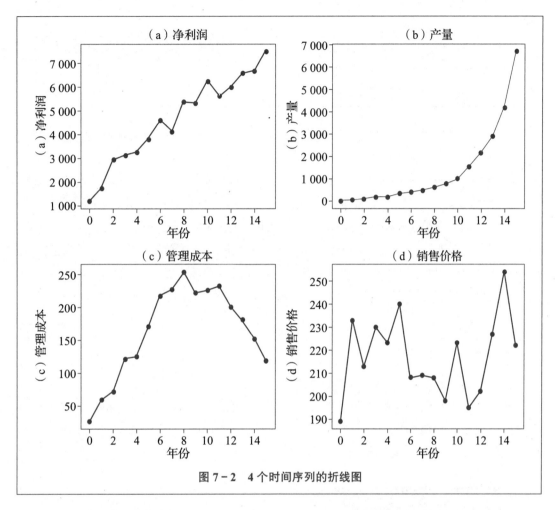

图 7-2　4 个时间序列的折线图

图 7-2 显示，净利润呈现一定的线性趋势；产量呈现一定的指数变化趋势；管理成本则呈现一定的抛物线变化形态；销售价格则没有明显的趋势，呈现一定的随机波动。

选择什么样的方法进行预测，除了受时间序列所包含的成分影响外，还取决于所能获得的历史数据的多少。有些方法只有少量的数据就能进行预测，而有些方法则要求的数据较多。此外，方法的选择还取决于所要求的预测期的长短，有些方法只能进行短期预测，有些则可进行相对长期的预测。

本章介绍的时间序列预测方法及其所适合的数据模式、对数据的要求和预测期的长短等见表 7-3。

表 7-3　预测方法的选择

预测方法	适合的数据模式	对数据的要求	预测期
简单指数平滑	平稳序列	5 个以上	短期
一元线性回归	线性趋势	10 个以上	短期至中期

续表

预测方法	适合的数据模式	对数据的要求	预测期
指数曲线	非线性趋势	10 个以上	短期至中期
多项式函数	非线性趋势	10 个以上	短期至中期

在选择出预测方法并利用该种方法进行预测后，反过来需要对所选择的方法进行评估，以确定所选择的方法是否合适。

一种预测方法的好坏取决于预测误差（也称为残差）的大小。预测误差是预测值与实际值的差距。度量方法有平均误差（mean error）、平均绝对误差（mean absolute deviation）、均方误差（mean square error）、平均百分比误差（mean percentage error）和平均绝对百分比误差（mean absolute percentage error）等，其中较为常用的是均方误差。对于同一个时间序列有几种可供选择的方法时，以预测误差最小者为宜。

均方误差是误差平方和的平均数，用 MSE 表示，计算公式为：

$$MSE = \frac{\sum_{i=1}^{n}(Y_i - F_i)^2}{n} \tag{7.6}$$

式中：Y_i 是第 i 期的实际值，F_i 是第 i 期的预测值，n 为预测误差的个数。

此外，为考察所选择的模型是否合适，还可以通过绘制残差图来分析。如果模型是正确的，那么，用该模型预测所产生的残差应该以零轴为中心随机分布。残差越接近零轴，且随机分布，说明所选择的模型越好。

7.3 简单指数平滑预测

指数平滑预测有多种方法，本节只介绍简单指数平滑预测。

如果序列中只含有随机成分，t 期的观测值可表示为 $Y_t = a_t + e_t$，即水平 + 随机误差；$t + h$ 期的预测值为：

$$F_{t+1} = \alpha Y_t + (1-\alpha)S_t \tag{7.7}$$

式（7.7）就是简单指数平滑预测模型。式中：F_{t+1} 为 $t+1$ 期的预测值；Y_t 为 t 期的实际值；S_t 为 t 期的平滑值；α 为平滑系数（$0 < \alpha < 1$）。

简单指数平滑预测是加权平均的一种特殊形式，它是把 t 期的实际值 Y_t 和 t 期的平滑值 S_t 加权平均作为 $t+1$ 期的预测值。观测值的时间离现时期越远，其权数也跟着呈现指数的下降，因而称为指数平滑。

由于在开始计算时，还没有第 1 个时期的平滑值 S_1，通常可以设 S_1 等于 1 期的实际值，即 $S_1 = Y_1$。

使用简单指数平滑法预测的关键是确定一个合适的平滑系数 α。因为不同的 α 对预测结果会产生不同影响。当 $\alpha = 0$ 时，预测值只是重复上一期的预测结果；当 $\alpha = 1$ 时，预测值就是上一期的实际值。α 越接近 1，模型对时间序列变化的反应就越及时，因为它对当前的实际值赋予了比预测值更大的权数。同样，α 越接近 0，意味着对当前的预测值赋予更大的权数，因此模型对时间序列变化的反应就越慢。在使用 R 做指数平滑预测时，系统会自动确定一个最合适的 α 值。

简单指数平滑法的优点是只需要少数几个观测值就能进行预测，方法相对较简单，其缺点是预测值往往滞后于实际值，而且无法考虑趋势和季节成分。

例 7 - 4 （数据：example7_3）沿用例 7 - 3。根据表 7 - 2 中的销售价格序列，采用简单指数平滑法预测 2022 年的销售价格，并将实际值和预测后的序列绘制成图形进行比较。

解 图 7 - 2（d）显示，销售价格序列没有明显的变化模式，呈现一定的随机波动。因此可采用式（7.7）给出的简单指数平滑模型做预测。

使用 statsmodels 包中的 SimpleExpSmoothing 函数可以实现简单指数平滑预测，代码和结果如代码框 7 - 4 所示。

代码框 7 - 4　销售价格的简单指数平滑预测

```python
import pandas as pd
from statsmodels.tsa.holtwinters import SimpleExpSmoothing
import matplotlib.pyplot as plt
plt.rcParams['font.sans-serif']=['SimHei']
df = pd.read_csv('C:/pdata/example/chap07/example7_3.csv', encoding='gbk')
df.index= pd.date_range(start='2006', end='2021', freq='AS')
                              # 返回从 1 月 1 日开始的固定频率的日期时间索引

# 拟合简单指数平滑模型
model = SimpleExpSmoothing(df[' 销售价格 ']).fit(smoothing_level=0.3, optimized=True)
model.params                  # 输出模型参数
```

```
{'smoothing_level': 0.3,
 'smoothing_trend': nan,
 'smoothing_seasonal': nan,
 'damping_trend': nan,
 'initial_level': 213.39345034212397,
 'initial_trend': nan,
 'initial_seasons': array([], dtype=float64),
 'use_boxcox': False,
 'lamda': None,
 'remove_bias': False}
```

注：平滑水平 α 根据实际数据的波动情况设置，本题设置的平滑水平 smoothing_level=0.3。

```
# 绘制观测值和拟合值图（图 7-3）
df['price_ses'] = model.fittedvalues
plt.figure(figsize=(8, 5.5))
l1, = plt.plot(df[' 年份 '], df[' 销售价格 '], linestyle='-', marker='o')
l2, = plt.plot(df[' 年份 '], df['price_ses'], linestyle='--', marker='+')
plt.legend(handles=[l1, l2], labels=[' 观测值 ', ' 拟合值 '], loc='best', prop={'size': 12})
plt.xlabel(' 时间 ', size=12)
plt.ylabel(" 销售价格 ", size=12)
```

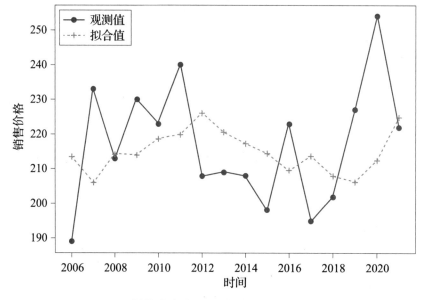

图 7 - 3　销售价格的观测值与简单指数平滑拟合值

```
# 计算 2022 年的预测值
p_model = model.forecast(1)
p_model
```

```
2022-01-01   224.027644
Freq: AS-JAN, dtype: float64
```

```
# 绘制实际值和预测值（图 7-4）
import scipy

# 绘制实际值
ax = df[' 销售价格 '].plot(figsize=(8, 5.5), marker="o", color="black")
ax.set_ylabel(" 销售价格 ", size=15)
ax.set_xlabel(" 时间 ", size=15)
```

```
# 绘制预测值
odel.forecast(1).plot(ax=ax, style="--", marker="o", color="green")
simulations = model.simulate(nsimulations=2, repetitions=1000,
                error="add", random_errors=scipy.stats.norm)
                    # 重复模拟 100 次，模拟步长为 2；random_errors="bootstrap"
low_CI_95 = p_model-1.96*simulations.std(axis=1)
high_CI_95 = p_model+1.96*simulations.std(axis=1)
low_CI_80 = p_model-1.28*simulations.std(axis=1)
high_CI_80 = p_model+1.28*simulations.std(axis=1)

plt.fill_between(['2022'], low_CI_95, high_CI_95, alpha=0.3, color='grey', linewidth=20)
plt.fill_between(['2022'], low_CI_80, high_CI_80, alpha=0.3, color='blue', linewidth=20)
plt.xlim('2006', '2023')
```

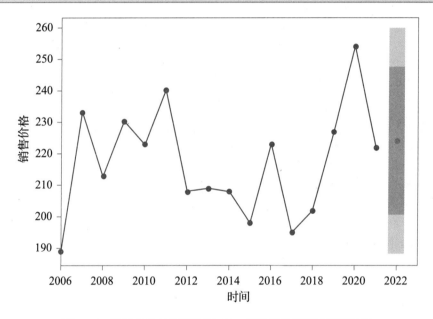

图 7 - 4　销售价格的观测值与 2022 年的简单指数平滑预测值

```
# 绘制残差图，检查拟合效果（图 7-5）
res = model.resid
plt.figure(figsize=(8, 5.5))
plt.scatter(range(len(res)), res, marker='o')
plt.hlines(0, 0, 16, linestyle='--', color='red')
plt.xlabel(' 时间 ', size=12)
plt.xticks(range(0, 16, 3), df_pre[' 年份 '][::3])
plt.ylabel(" 残差 ", size=12)
```

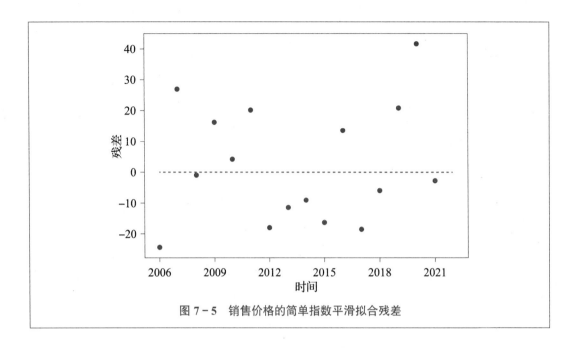

图 7 - 5　销售价格的简单指数平滑拟合残差

图 7 - 4 中的折线是销售价格观测值，圆点是 2022 年预测值，灰色区域是预测值的置信区间，其中浅灰色区域是 95% 的置信区间，深灰色区域是 80% 的置信区间。图 7 - 5 显示，各残差点基本上在零轴附近随机分布，没有明显的固定模式，说明所选的预测方法基本上是合理的。

7.4　趋势预测

时间序列的趋势可能是线性的，也可能是非线性的。当序列存在明显的线性趋势时，可使用线性趋势模型进行预测。如果序列存在某种非线性变化形态，则可以使用非线性模型进行预测。

7.4.1　线性趋势预测

线性趋势（linear trend）是时间序列按一个固定的常数（不变的斜率）增长或下降。例如，观察图 7 - 1（a）所示的净利润序列就会发现有明显的线性趋势。序列中含有线性趋势时，可使用一元线性回归模型进行预测。

用 $\hat{Y}_t$ 表示 Y_t 的预测值，t 表示时间变量，一元线性回归的预测方程可表示为：

$$\hat{Y}_t = b_0 + b_1 t \tag{7.8}$$

b_1 是趋势线的斜率，表示时间 t 变动一个单位时，观测值的平均变动量。趋势方程中的两个待定系数 b_0 和 b_1 根据最小二乘法求得。趋势预测的误差可用线性回归中的估计标准误差来衡量。

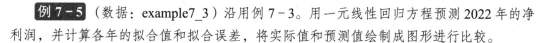

例 7 - 5 （数据：example7_3）沿用例 7 - 3。用一元线性回归方程预测 2022 年的净利润，并计算各年的拟合值和拟合误差，将实际值和预测值绘制成图形进行比较。

解 一元线性回归预测的代码和结果如代码框 7 - 5 所示。

代码框 7 - 5　净利润的一元线性回归预测

```python
# 拟合一元线性回归模型
import pandas as pd
from statsmodels.formula.api import ols
import matplotlib.pyplot as plt
plt.rcParams['font.sans-serif']=['SimHei']        # 用来正常显示中文标签
df = pd.read_csv('C:/pdata/example/chap07/example7_3.csv', encoding='gbk')


l_model = ols(" 净利润～年份 ", data=df).fit()
print(l_model.summary())
```

OLS Regression Results

Dep. Variable:	净利润	R-squared:		0.954
Model:	OLS	Adj. R-squared:		0.951
Method:	Least Squares	F-statistic:		289.3
Date:	Sat, 27 Nov 2021	Prob (F-statistic):		9.56e-11
Time:	11:50:13	Log-Likelihood:		-117.85
No. Observations:	16	AIC:		239.7
Df Residuals:	14	BIC:		241.3
Df Model:	1			
Covariance Type:	nonrobust			

	coef	std err	t	P>|t|	[0.025	0.975]
Intercept	-7.549e+05	4.47e+04	-16.904	0.000	-8.51e+05	-6.59e+05
年份	377.2265	22.180	17.008	0.000	329.656	424.797

Omnibus:	1.661	Durbin-Watson:		1.861
Prob(Omnibus):	0.436	Jarque-Bera (JB):		1.007
Skew:	0.268	Prob(JB):		0.605
Kurtosis:	1.894	Cond. No.		8.79e+05

Notes:

[1] Standard Errors assume that the covariance matrix of the errors is correctly specified.

[2] The condition number is large, 8.79e+05. This might indicate that there are strong multicollinearity or other numerical problems.

```
# 各年的预测值与预测残差
df_pre = pd.DataFrame({" 年份 ": df[' 年份 '], " 净利润 ": df[' 净利润 '], " 预测值 ": l_model.fittedvalues,
                       " 预测残差 ": l_model.resid})
df_pre.loc[16, ' 年份 '] = 2022
df_pre = df_pre.astype({' 年份 ': int})
df_pre.loc[16, ' 预测值 '] = l_model.predict(exog=dict( 年份 =2022)).values
df_pre
```

	年份	净利润	预测值	预测残差
0	2006	1 200	1 804.176 471	−604.176 471
1	2007	1 750	2 181.402 941	−431.402 941
2	2008	2 938	2 558.629 412	379.370 588
3	2009	3 125	2 935.855 882	189.144 118
4	2010	3 250	3 313.082 353	−63.082 353
5	2011	3 813	3 690.308 824	122.691 176
6	2012	4 616	4 067.535 294	548.464 706
7	2013	4 125	4 444.761 765	−319.761 765
8	2014	5 386	4 821.988 235	564.011 765
9	2015	5 313	5 199.214 706	113.785 294
10	2016	6 250	5 576.441 176	673.558 824
11	2017	5 623	5 953.667 647	−330.667 647
12	2018	6 000	6 330.894 118	−330.894 118
13	2019	6 563	6 708.120 588	−145.120 588
14	2020	6 682	7 085.347 059	−403.347 059
15	2021	7 500	7 462.573 529	37.426 471
16	2022	NaN	7 839.8	NaN

```
# 绘制各年观测值和预测值图（图 7-6）
import matplotlib.pyplot as plt
plt.rcParams['font.sans-serif'] = ['SimHei']
plt.rcParams['axes.unicode_minus'] = False

plt.figure(figsize=(8, 5.5))
l1, plt.plot(df_pre[' 净利润 '], marker='o')
l2, plt.plot(df_pre[' 预测值 '], marker='+', ls='-.')
plt.axvline(15, ls='--', c='grey', linewidth=1)
plt.xticks(range(0, 17, 3), df_pre[' 年份 '][::3])
plt.xlabel(' 年份 ', size=12)
plt.ylabel(' 净利润 ', size=12)
plt.legend([' 净利润 ', ' 预测值 '], prop={'size': 11})
plt.show()
```

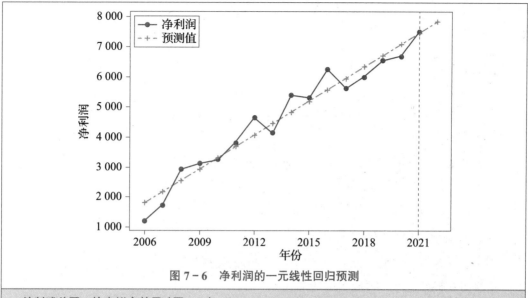

图 7 - 6　净利润的一元线性回归预测

```
# 绘制残差图，检查拟合效果（图 7-7）
res = l_model.resid
plt.figure(figsize=(8, 5.5))
plt.scatter(range(len(res)), res, marker='o')
plt.hlines(0, 0, 16, linestyle='--', color='red')
plt.xlabel(' 时间 ', size=12)
plt.xticks(range(0, 16, 3), df_pre[' 年份 '][::3])
plt.ylabel(" 残差 ", size=12)
```

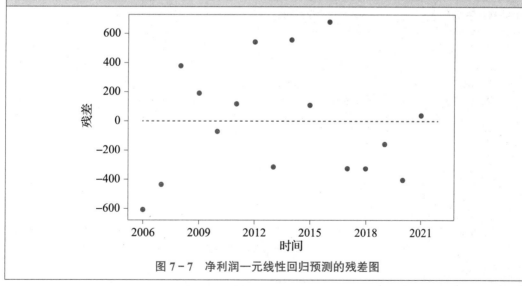

图 7 - 7　净利润一元线性回归预测的残差图

根据代码框 7 - 5 可知线性趋势方程为：

$$y = -754\,912.12 + 377.23t$$

$b_1 = 377.23$ 表示：时间每变动一年，净利润平均变动 377.23 万元。将时间 2022 年带入上述方程，即可得到 2022 年的预测值。

图 7-7 显示，各残差点基本上在零轴附近随机分布，没有明显的固定模式，说明所选的预测方法基本上是合理的。

7.4.2 非线性趋势预测

非线性趋势（non-linear trend）有各种各样复杂的形态。例如，图 7-2（b）和图 7-2（c）就呈现明显的非线性形态。下面只介绍指数曲线和多阶曲线两种预测方法。

1. 指数曲线

指数曲线（exponential curve）用于描述以几何级数递增或递减的现象，即时间序列的观测值 Y_t 数规律变化，或者说时间序列的逐期观测值按一定的增长率增长或衰减。如图 7-2（b）所示的产量的变化趋势就呈现某种指数变化形态。指数曲线的方程为：

$$\hat{Y}_t = b_0 \exp(b_1 t) = b_0 e^{b_1 t} \tag{7.9}$$

式中：b_0、b_1 为待定系数；exp 表示自然对数 ln 的反函数，e = 2.718 281 828 459。

指数曲线模型也可以写成下面的形式：

$$\hat{Y}_t = b_0 b_1^t \tag{7.10}$$

例 7-6　（数据：example7_3）沿用例 7-3。用指数曲线预测 2022 年的产量，并将观测值和预测值绘制成图形进行比较。

解　指数曲线预测的代码和结果如代码框 7-6 所示。

代码框 7-6　产量的指数曲线预测

```python
# 指数曲线拟合
import pandas as pd
import numpy as np
from statsmodels.formula.api import ols
import matplotlib.pyplot as plt
plt.rcParams['font.sans-serif']=['SimHei']
df = pd.read_csv('C:/pdata/example/chap07/example7_3.csv', encoding='gbk')

e_model = ols("np.log( 产量 )～年份 ", data=df).fit()      # 拟合指数曲线
print(e_model.summary())                                   # 输出结果
```

OLS Regression Results

Dep. Variable:	np.log(产量)	R-squared:	0.968
Model:	OLS	Adj. R-squared:	0.965
Method:	Least Squares	F-statistic:	419.9
Date:	Sat, 27 Nov 2021	Prob (F-statistic):	7.74e-12
Time:	16:10:35	Log-Likelihood:	-1.2405
No. Observations:	16	AIC:	6.481
Df Residuals:	14	BIC:	8.026
Df Model:	1		
Covariance Type:	nonrobust		

---

	coef	std err	t	P>|t|	[0.025	0.975]
Intercept	-619.1294	30.524	-20.283	0.000	-684.597	-553.662
年份	0.3106	0.015	20.491	0.000	0.278	0.343

Omnibus:		Durbin-Watson:	
Omnibus:	13.555	Durbin-Watson:	0.999
Prob(Omnibus):	0.001	Jarque-Bera (JB):	11.139
Skew:	-1.407	Prob(JB):	0.00381
Kurtosis:	5.964	Cond. No.	8.79e+05

Notes:

[1] Standard Errors assume that the covariance matrix of the errors is correctly specified.

[2] The condition number is large, 8.79e+05. This might indicate that there are strong multicollinearity or other numerical problems.

注：把模型变换成指数形式为 $\hat{Y}_t = -619.1294\exp(0.3106t) = -619.1294e^{0.3106t}$。

```
# 各年的预测值与预测残差
df_pre = pd.DataFrame({" 年份 ": df[' 年份 '], " 观测值 ": df[' 产量 '], # 还原为原始值
                       " 预测值 ": np.exp(e_model.fittedvalues)})
df_pre[' 残差 '] = df_pre[' 观测值 '] - df_pre[' 预测值 ']
df_pre.loc[16, ' 年份 '] = 2022
df_pre = df_pre.astype({' 年份 ': int})
df_pre.loc[16, ' 预测值 '] = np.exp(e_model.predict(exog=dict( 年份 =2022)).values)
df_pre
```

	年份	观测值	预测值	残差
0	2006	25	55.435 045	-30.435 045
1	2007	84	75.629 95	8.370 05
2	2008	124	103.181 83	20.818 17
3	2009	214	140.770 82	73.229 18
4	2010	216	192.053 425	23.946 575
5	2011	354	262.018 206	91.981 794
6	2012	420	357.471 056	62.528 944
7	2013	514	487.697 239	26.302 761
8	2014	626	665.364 63	-39.364 63
9	2015	785	907.755 992	-122.755 992
10	2016	1 006	1 238.450 172	-232.450 172
11	2017	1 526	1 689.615 759	-163.615 759
12	2018	2 156	2 305.140 31	-149.140 31

续表

	年份	观测值	预测值	残差
13	2019	2 927	3 144.899 554	–217.899 554
14	2020	4 195	4 290.581 864	–95.581 864
15	2021	6 692	5 853.634 564	838.365 436
16	2022	NaN	7 986.105 077	NaN

```
# 观测值和预测值图（图 7-8 ）
import matplotlib.pyplot as plt
plt.rcParams['font.sans-serif'] = ['SimHei']
plt.rcParams['axes.unicode_minus']=False

plt.figure(figsize=(8, 5.5))
l1, plt.plot(df_pre[' 观测值 '], marker='o')
l2, plt.plot(df_pre[' 预测值 '], marker='+', ls='-.')
plt.axvline(15, ls='--', c='grey', linewidth=1)
plt.xticks(range(0, 17, 3), df_pre[' 年份 '][::3])
plt.xlabel(' 年份 ', size=12)
plt.ylabel(' 观测值 ', size=12)
plt.legend([' 观测值 ', ' 预测值 '], prop={'size': 11})
plt.show()
```

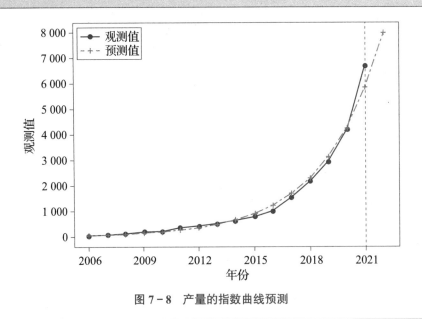

图 7 - 8　产量的指数曲线预测

```
# 绘制残差图，检查拟合效果（图 7-9 ）
df_pre[' 残差 '] = df_pre[' 观测值 '] - df_pre[' 预测值 ']
plt.figure(figsize=(8, 5.5))
plt.scatter(range(len(df_pre[' 残差 '])), df_pre[' 残差 '], marker='o')
plt.hlines(0, 0, 16, linestyle='--', color='red')
plt.xlabel(' 时间 ', size=12)
plt.xticks(range(0, 16, 3), df_pre[' 年份 '][::3])
plt.ylabel(" 残差 ", size=12)
```

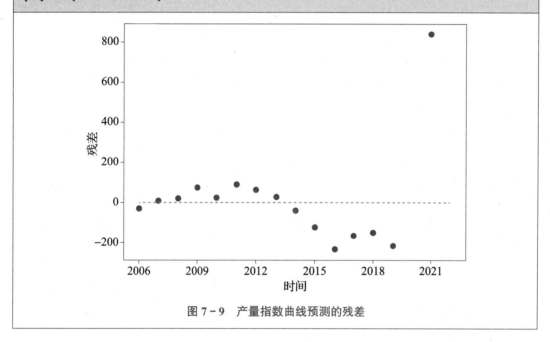

图 7 - 9　产量指数曲线预测的残差

图 7 - 9 显示，2021 年产生了较大的残差，其他年份中，残差基本上在零轴附近随机分布，没有明显的固定模式，说明所选的预测方法基本上是合理的。

2. 多阶曲线

有些现象的变化形态比较复杂，它们不是按照某种固定的形态变化，而是有升有降，在变化过程中可能有几个拐点。这时就需要拟合多项式函数。当只有一个拐点时，可以拟合二阶曲线，即抛物线；当有两个拐点时，需要拟合三阶曲线；当有 $k-1$ 个拐点时，需要拟合 k 线。k 阶曲线函数的一般形式为：

$$\hat{Y}_t = b_0 + b_1 t + b_2 t^2 + \cdots + b_k t^k \tag{7.11}$$

将其线性化后可根据回归中的最小平方方法求得曲线中的系数 $b_0, b_1, b_2, \cdots, b_k$。

例 7 - 7（数据：example7_3）沿用例 7 - 3。拟合适当的多阶曲线，预测 2022 年的管理成本，并将观测值和预测值绘制成图形进行比较。

解　观察图 7 - 2（c）可以看出，管理成本的变化形态可拟合二阶曲线（即抛物线，视为有一个拐点）。二阶曲线预测的代码和结果如代码框 7 - 7 所示。

代码框 7-7　管理成本的二阶曲线预测

```
# 拟合二阶曲线模型
import pandas as pd
import numpy as np
import matplotlib.pyplot as plt
import seaborn as sns
import statsmodels.formula.api as smf
plt.rcParams['font.sans-serif']=['SimHei']
df = pd.read_csv('C:/pdata/example/chap07/example7_3.csv', encoding='gbk')

df[' 年份 1'] = df[' 年份 ']-2005
model2 = ols(" 管理成本～年份 1+np.square( 年份 1)", data=df).fit()
print(model2.summary())
```

OLS Regression Results

Dep. Variable:	管理成本	R-squared:	0.947
Model:	OLS	Adj. R-squared:	0.939
Method:	Least Squares	F-statistic:	117.1
Date:	Sat, 27 Nov 2021	Prob (F-statistic):	4.85e-09
Time:	16:29:54	Log-Likelihood:	-66.422
No. Observations:	16	AIC:	138.8
Df Residuals:	13	BIC:	141.2
Df Model:	2		
Covariance Type:	nonrobust		

	coef	std err	t	P>|t|	[0.025	0.975]
Intercept	-49.9893	14.573	-3.430	0.004	-81.472	-18.507
年份 1	56.1381	3.945	14.228	0.000	47.614	64.662
np.square(年份 1)	-2.8228	0.226	-12.511	0.000	-3.310	-2.335

Omnibus:	0.358	Durbin-Watson:	1.343
Prob(Omnibus):	0.836	Jarque-Bera (JB):	0.106
Skew:	-0.180	Prob(JB):	0.948
Kurtosis:	2.828	Cond. No.	436.

Notes:
[1] Standard Errors assume that the covariance matrix of the errors is correctly specified.

```
# 各年的预测值与预测残差
df_pre = pd.DataFrame({" 年份 ": df[' 年份 '], " 观测值 ": df[' 管理成本 '], # 还原为原始值
                        " 预测值 ": model2.fittedvalues," 残差 ": model2.resid})

df_pre.loc[16, ' 年份 '] = 2022
df_pre = df_pre.astype({' 年份 ': int})
df_pre.loc[16, ' 预测值 '] = model2.predict(exog=dict( 年份 1=17)).values
df_pre
```

	年份	观测值	预测值	残差
0	2006	27	3.325 98	23.674 02
1	2007	60	50.995 588	9.004 412
2	2008	73	93.019 538	−20.019 538
3	2009	121	129.397 829	−8.397 829
4	2010	126	160.130 462	−34.130 462
5	2011	172	185.217 437	−13.217 437
6	2012	218	204.658 754	13.341 246
7	2013	227	218.454 412	8.545 588
8	2014	254	226.604 412	27.395 588
9	2015	223	229.108 754	−6.108 754
10	2016	226	225.967 437	0.032 563
11	2017	232	217.180 462	14.819 538
12	2018	200	202.747 829	−2.747 829
13	2019	181	182.669 538	−1.669 538
14	2020	153	156.945 588	−3.945 588
15	2021	119	125.575 98	−6.575 98
16	2022	NaN	88.560 714	NaN

```
# 实际值和预测值曲线（图 7-10 ）
import matplotlib.pyplot as plt
plt.rcParams['font.sans-serif'] = ['SimHei']
plt.rcParams['axes.unicode_minus']=False

plt.figure(figsize=(8, 5.5))
l1, plt.plot(df_pre[' 观测值 '], marker='o')
l2, plt.plot(df_pre[' 预测值 '], marker='+', ls='-.')
plt.axvline(15, ls='--', c='grey', linewidth=1)
```

```
plt.xticks(range(0, 17, 3), df_pre[' 年份 '][::3])
plt.xlabel(' 年份 ', size=12)
plt.ylabel(' 观测值 ', size=12)
plt.legend([' 观测值 ', ' 预测值 '], prop={'size': 11})
plt.show()
```

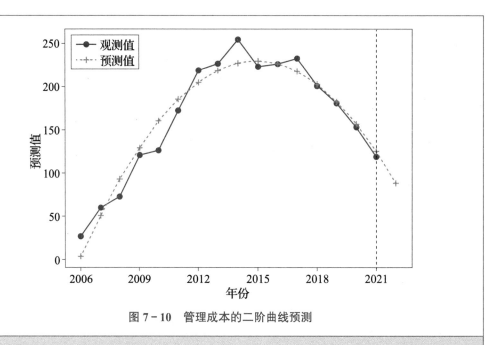

图 7 - 10　管理成本的二阶曲线预测

```
# 绘制残差图，检查拟合效果（图 7-11）
plt.figure(figsize=(8, 5.5))
plt.scatter(range(len(df_pre[' 残差 '])), df_pre[' 残差 '], marker='o')
plt.hlines(0, 0, 16, linestyle='--', color='red')
plt.xlabel(' 时间 ', size=12)
plt.xticks(range(0, 16, 3), df_pre[' 年份 '][::3])
plt.ylabel(" 残差 ", size=12)
```

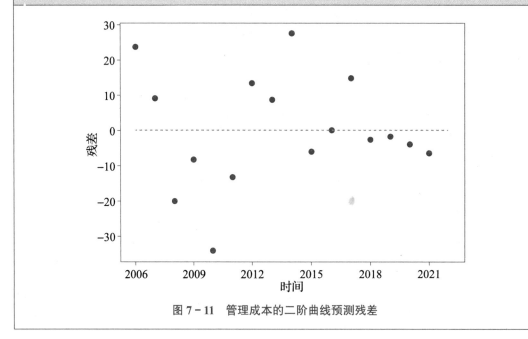

图 7 - 11　管理成本的二阶曲线预测残差

设 t 和 t^2 为自变量，根据代码框 7-7 的结果可知二阶曲线方程为：

$$\hat{Y} = -49.989\,3 + 56.138\,1t - 2.822\,8t^2$$

图 7-11 显示，残差基本上在零轴附近随机分布，没有明显的固定模式，说明所选的预测方法基本上是合理的。

7.5 时间序列平滑

利用短期移动平均对时间序列进行平滑，可以去除时间序列中的随机波动，从而有利于观察其变化趋势或形态。比如，股票价格指数中的 5 日移动平均、10 日移动平均等就属于此类。

移动平均（moving average）是选择固定长度的移动间隔，对时间序列逐期移动求得平均数作为平滑值。设移动间隔长度为 $m(1 < m < t)$，则 t 期的移动平均平滑值 T_t 为：

$$T_t = \frac{Y_{t-k} + Y_{t-k+1} + \cdots + Y_t + \cdots + Y_{t+k-1} + Y_{t+k}}{m} \tag{7.12}$$

式中，$k = (m-1)/2$。

移动平均值是相应观测值的代表值，因此需要中心化。当移动间隔长度 m 为奇数时（比如，$m=3, k=1$），第 1 个 3 期移动平均值是第 1 个、第 2 个、第 3 个值的平均，中心化后结果应该对应第 2 个观测值（T_2 对应于 Y_2）；第 2 个移动平均值是第 2 个、第 3 个、第 4 个值的平均，中心化后结果应该对应第 3 个观测值（T_3 对应于 Y_3），以此类推。

当 m 为偶数时（比如，$m=4, k=1.5$，向上取整 $k=2$，向下取整 $k=1$），中心化移动平均值是两个 4 期移动平均值的再平均。比如，第 1 个 4 期移动平均值是第 1 个、第 2 个、第 3 个、第 4 个值的平均值和第 2 个、第 3 个、第 4 个、第 5 个值的平均值的平均，中心化后结果应该对应第 3 个观测值（T_3 对应于 Y_3），第 2 个 4 期移动平均值是第 2 个、第 3 个、第 4 个、第 5 个值的平均值和第 3 个、第 4 个、第 5 个、第 6 个值的平均值的平均，中心化后结果应该对应第 4 个观测值（T_4 对应于 Y_4），以此类推。一个虚拟时间序列移动平均的计算结果见表 7-4。

表 7-4 一个虚拟时间序列移动平均的计算结果

时间	观测值	$m=3$ 中心化移动平均	$m=5$ 中心化移动平均	$m=4$ 非中心化移动平均	$m=4$ 中心化移动平均
1	10	N/A	N/A	N/A	N/A
2	20	20	N/A	N/A	N/A
3	30	30	30	N/A	30
4	40	40	40	25	40
5	50	50	50	35	50

续表

时间	观测值	$m=3$ 中心化移动平均	$m=5$ 中心化移动平均	$m=4$ 非中心化移动平均	$m=4$ 中心化移动平均
6	60	60	60	45	60
7	70	70	70	55	70
8	80	80	80	65	80
9	90	90	N/A	75	N/A
10	100	N/A	N/A	85	N/A

例 7-8（数据：example7_3）沿用例 7-3。采用 $m=3$ 对销售价格数据进行移动平均平滑，并将实际值和平滑值绘制成图形进行比较。

解 使用 pandas 中的 df.rolling 函数可做移动平均，代码和结果如代码框 7-8 所示。

代码框 7-8 销售价格的移动平均（$m=3$）

```
#3 期移动平均
import pandas as pd
example4_1 = pd.read_csv('C:/pdata/example/chap04/example4_1.csv', encoding='gbk')
pd.DataFrame.mean(example4_1)     # 或写成 example3_1[' 分数 '].mean()

import pandas as pd
import matplotlib.pyplot as plt
plt.rcParams['font.sans-serif']=['SimHei']
df = pd.read_csv('C:/pdata/example/chap07/example7_3.csv', encoding='gbk')

ma3 = df[' 销售价格 '].rolling(window=3, center=True).mean()
df_ma = pd.DataFrame({" 年份 ":df[' 年份 '], " 销售价格 ": df[' 销售价格 '], "3 期移动平均 ": ma3})
round(df_ma, 4)
```

	年份	销售价格	3 期移动平均
0	2006	189	NaN
1	2007	233	211.666 7
2	2008	213	225.333 3
3	2009	230	222.000 0
4	2010	223	231.000 0
5	2011	240	223.666 7
6	2012	208	219.000 0
7	2013	209	208.333 3

续表

	年份	销售价格	3 期移动平均
8	2014	208	205.000 0
9	2015	198	209.666 7
10	2016	223	205.333 3
11	2017	195	206.666 7
12	2018	202	208.000 0
13	2019	227	227.666 7
14	2020	254	234.333 3
15	2021	222	NaN

```python
# 绘制实际值和平滑值的图（图 7-12 ）
import matplotlib.pyplot as plt
plt.rcParams['font.sans-serif'] = ['SimHei']

plt.figure(figsize=(8, 6))
l1, = plt.plot(df_ma[' 年份 '], df_ma[' 销售价格 '], linestyle='-', marker='o')
l2, = plt.plot(df_ma[' 年份 '], df_ma['3 期移动平均 '], linestyle='-.', marker='+')
plt.legend(handles=[l1, l2], labels=[' 销售价格 ', '3 期移动平均 '], loc='best', prop={'size': 12})
plt.xlabel(' 时间 ', size=12)
plt.ylabel(" 销售价格 ", size=12)
```

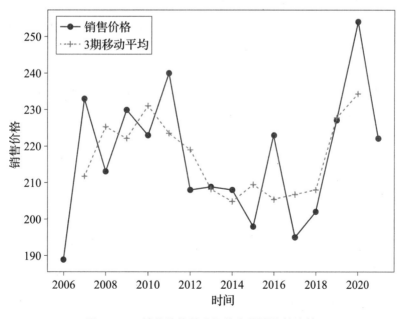

图 7 - 12　销售价格的实际值和平滑值的比较

思维导图

下面的思维导图展示了本章的内容框架。

思考与练习

一、思考题

1.利用增长率分析时间序列时应注意哪些问题?

2.简述时间序列的各构成要素。

3.简述时间序列的预测程序。

4.简述时间序列平滑的作用。

二、练习题

1.2001—2020 年我国的居民消费价格指数(上年 =100)数据见下表。

年份	居民消费价格指数	年份	居民消费价格指数
2001	100.7	2011	105.4
2002	99.2	2012	102.6
2003	101.2	2013	102.6
2004	103.9	2014	102.0
2005	101.8	2015	101.4
2006	101.5	2016	102.0
2007	104.8	2017	101.6
2008	105.9	2018	102.1
2009	99.3	2019	102.9
2010	103.3	2020	102.5

（1）选择适当的平滑系数 α，用简单指数平滑法预测 2021 年的居民消费价格指数。

（2）将两种方法的预测值与原时间序列绘图进行比较。

（3）绘制预测的残差图，分析预测效果。

2. 2011—2020 年我国的国内生产总值（GDP）数据见下表（单位：亿元）。

年份	国内生产总值
2011	487 940.2
2012	538 580.0
2013	592 963.2
2014	643 563.1
2015	688 858.2
2016	746 395.1
2017	832 035.9
2018	919 281.1
2019	986 515.2
2020	1 015 986.2

（1）计算国内生产总值的环比增长率、定基增长率和年平均增长率。

（2）用一元线性回归预测 2021 年的国内生产总值，并将实际值和预测值绘图并进行比较。

（3）绘制残差图分析预测误差，说明所使用的方法是否合适。

3. 某只股票连续 35 个交易日的收盘价格见下表（单位：元）。

时间	收盘价格	时间	收盘格	时间	收盘价格
1	33.82	13	33.36	25	32.36
2	33.64	14	33.18	26	32.36
3	34.00	15	33.00	27	32.36
4	34.09	16	32.64	28	32.64
5	34.27	17	32.55	29	32.73
6	34.27	18	32.64	30	32.45
7	34.00	19	32.73	31	32.45
8	33.82	20	32.45	32	32.27
9	33.91	21	32.36	33	32.36
10	33.82	22	32.00	34	33.00
11	33.55	23	31.64	35	33.18
12	33.36	24	32.09		

（1）分别拟合二阶曲线 $\hat{Y}_t = b_0 + b_1 t + b_2 t^2$ 和三阶曲线 $\hat{Y}_t = b_0 + b_1 t + b_2 t^2 + b_3 t^3$。

（2）绘制残差图分析预测误差，说明所使用的方法是否合适。

参考文献

［1］贾俊平. 统计学——Python 实现. 北京：高等教育出版社，2021.

［2］贾俊平. 统计学——基于 R. 4 版. 北京：中国人民大学出版社，2021.

［3］贾俊平. 统计学——基于 Excel. 3 版. 北京：中国人民大学出版社，2022.

［4］贾俊平. 统计学——基于 SPSS. 4 版. 北京：中国人民大学出版社，2022.

［5］贾俊平. 统计学基础. 6 版. 北京：中国人民大学出版社，2021.

［6］戴维·R 安德森，丹尼斯·J 斯威尼，托马斯·A 威廉姆斯. 商务与经济统计. 张建华，王健，冯燕奇，译. 北京：机械工业出版社，2000.

［7］马里奥·F 特里奥拉. 初级统计学. 8 版. 刘立新，译. 北京：清华大学出版社，2004.

［8］肯·布莱克，戴维·L 埃尔德雷奇. 以 Excel 为决策工具的商务与经济统计. 张久琴，张玉梅，杨琳，译. 北京：机械工业出版社，2003.

［9］道格拉斯·C 蒙哥马利，乔治·C 朗格尔，诺尔马·法里斯·于贝尔. 工程统计学. 代金，魏秋萍，译. 北京：中国人民大学出版社，2005.

［10］肯·布莱克. 商务统计学. 4 版. 李静萍，等译. 北京：中国人民大学出版社，2006.